森をとりもどすために②

林木の育種

林　隆久編

海青社

はじめに

地球は46億年前に誕生し、その6億年後に生命が誕生した。植物は更に36億年後、すなわち今から4億年前に出現した。20万年前に出現したばかりの人類は1万年前に農業を発見し、この時から森林破壊が始まった。地球上の陸地の大半を覆っていた森林の半分、いや殆ど3分の2が消失し、今も森林破壊は進行している。毎年放出される二酸化炭素の30％は森林破壊によるものである。もともと地球が誕生した時、大気は水と二酸化炭素からなっていた。その頃の地球に戻りつつあると言っていい。戻るということは人類の滅亡を意味する。

誕生したときの地球の大気を今のように二酸化炭素の少ない状態に変えたのは生物である。生物によって地球は進化した。二酸化炭素から炭素部分は有機化合物すなわちバイオマスへ、酸素部分は分子状酸素(O_2)へと変換され、大気の一部となった。これらバイオマスの大半は、そのまま化石資源(石炭や石油)となって地中に眠り、酸素は生物の呼吸を助け、また遥か上空ではオゾンとなった。これに対して人は、石炭などの化石資源を掘出してエネルギーに利用し、森林を伐採して材料やエネルギーに変えている。生物が作り上げた地球を破壊しているのは人類であると言っていい。人、人、人、全ては人にある。

このような地球の歴史を認識するならば、人類は地球を改良する時期に来ている。人類存続のための生存基盤の確立である。地球上の植物の95％を占める樹木が集まった森林は、二酸化炭素から炭素を固定し、酸素に変えてくれる空気清浄機のようなものである。もちろん、炭素を木質成分として固定させ、その木質資源の利用を効率的に行うシステムがなければ持続しない。

森をとりもどして森林を持続させる上で重要なことは、成長や性質の優れた樹木を育種することである。地球救出のための樹木育種である。本書はそのような理念でスタートし、交配による育種法から遺伝子組換え法までを網羅した。遺伝子組換え技術は不安な技術であると考える人が多いが、交配による育種の延長線上に遺伝子組換え技術がある。「森をとりもどす」ことにつながる技術である。日本の様々な研究機関における研究の現場を見て頂きたい。

2010 年 7 月

林　　隆久

森をとりもどすために②

林木の育種

目　次

本文中で＊印を付した語には説明を付し、
巻末の「用語解説」に一括掲載した。

はじめに ……………………………………………………（林　隆久）1

1章　林木育種の過去・現在・未来 …………………（近藤禎二）9
1. 品種を気にしないで山に木が植えられている ……………9
2. 林木育種の過去 ………………………………………………10
3. 林木育種の現在 ………………………………………………12
4. 林木育種の未来
——バイオテクノロジーが林木育種を変える—— …… 16

2章　地球温暖化を防ぐために ……………………（藤澤義武）19
1. 地球の温暖化と炭素の貯蔵庫としての樹木 ……………19
2. 木材の利用は地球を守る ………………………………21
3. 林木育種で森の能力向上 ………………………………24
4. 炭素固定能力を高める育種 ……………………………28

3章　花粉を飛ばさないスギを求めて ………………（福田陽子）34
1. スギ花粉の特徴 ………………………………………………35
2. 花粉の少ないスギ品種の育成 ……………………………36
3. 雄性不稔スギの発見 ………………………………………39
4. スギと人間の復縁に向けて ………………………………45

4章　キシログルカンと組換えポプラ ………………（林　隆久）49
1. 細胞壁が植物の成長をコントロールしている …………49
2. キシログルカンに魅せられて ……………………………51
3. 細胞壁をゆるめる遺伝子 …………………………………53
4. 組換えポプラの誕生 ………………………………………54
5. 組換え樹木の海外展開 ……………………………………55

6. 虚学と実学 ……58

5章　樹木の成長と形態調節 ……（馬場啓一）61
1. 木材とは何か ……61
2. 樹木の成長と姿勢制御 ……64
3. ヘミセルロースの役割と分子育種 ……66

6章　リグニン改変のバイオテクノロジー ……（堤　祐司）68
1. ポスト化石資源としての木質バイオマス ……68
2. 木質バイオマスの循環型エネルギー利用とバイオテクノロジー ……71
3. リグニンとはどんなもの？ ……72
4. 応用を支える基礎研究 ……74
5. リグニンの改変を目指したバイオテクノロジー研究 ……75
6. リグニンの遺伝子組換えに関わる解決すべき問題 ……79

7章　樹木の凍らない水 ……（藤川清三）81
1. 樹木は凍結抵抗性のチャンピオンである ……81
2. 樹木の中には凍らない水をもつ細胞がある ……84
3. なぜ、木部柔細胞の水は凍らないのか？ ……85
4. 過冷却する木部柔細胞に発現する遺伝子の同定 ……86
5. 過冷却の増進と関連すると推定される遺伝子の機能解析の試み ……89
6. おわりに ……91

8章　モデル樹木としてのポプラ ……（西窪伸之）93
1. 樹木のゲノム研究 ……93

2. モデル植物について ……… 96
3. ポプラゲノムプロジェクト ……… 98
4. ゲノム配列から何が分かるのか？ ……… 99
5. ポプラで重要な遺伝子を見つけるために ……… 101
6. ポプラの遺伝子情報から分かってきたこと ……… 104
7. 他の樹木への応用は可能か？ ……… 105

9章　組換え技術の信頼性向上 ……… （海老沼宏安） **107**
1. 組換え技術への期待 ……… 107
2. 自然の力を活用 ……… 108
3. 植物の組換え技術の課題 ……… 109
4. MAT ベクターシステムの開発 ……… 112
5. SDI ベクターシステムの開発 ……… 114
6. 今後の展開 ……… 117

10章　環境安全性の評価と審査 ……… （川口健太郎） **119**
1. 安全性を確保するための枠組み ……… 119
2. 生物多様性条約のカルタヘナ議定書 ……… 120
3. カルタヘナ法の下での遺伝子組換え生物の使用申請、審査、承認の手順 ……… 122
4. 遺伝子組換え生物の環境安全性を考える上での重要な概念 ……… 123
5. 生物多様性影響評価の方法 ……… 125
6. 遺伝子組換え植物の情報 ……… 125
7. 「生物多様性影響を生じさせる可能性のある性質」を持つかどうかの判断 ……… 128
8. 生物多様性影響の総合的評価 ……… 131

9. おわりに ……………………………………………………135

11章　遺伝子組換え植物の安全と安心 ………（外内尚人）137
1. 遺伝子組換え作物とは？ ………………………………137
2. 従来の品種改良法と遺伝子組換え法 …………………138
3. 主要な遺伝子組換え作物 ………………………………139
4. 世界の遺伝子組換え作物栽培状況 ……………………141
5. 食卓の遺伝子組換え食品と表示制度 …………………143
6. 遺伝子組換え作物についての安全と安心 ……………145

12章　樹木の遺伝子組換え実験
…………（海田るみ、朴　龍叉、澤田真千子）147
1. 組換えポプラの作出 ……………………………………147
2. 組換えファルカタの作出 ………………………………157
3. コンタミについて ………………………………………161

用語解説 ………………………………………………………163

1章　林木育種の過去・現在・未来

1. 品種を気にしないで山に木が植えられている

林業では、山に植えられる苗木がどういう品種であるのかほとんど気にされていない。農業では、コメのコシヒカリやアキタコマチ、リンゴのフジ、王林など、消費者が品種の違いをよく知っており、生産者も消費者に受け入れてもらえる品種を模索しているのとはずいぶん違う。それでも林業の世界で唯一例外なのは九州地方で、ここでは500年以上前からさし木で殖やされているスギの在来品種があり、成長が早いもの、心材といって年輪の中心の色の着いた部分が特に赤いものなど、さまざまな品種がある。これらの品種はさし木で殖やされているのでクローンであり、親品種の特性は100％子供に伝わる。九州地方では品種の違いについて、それを植える林業家もよく知っており、自らの経営目標に合わせた品種選びを行っているだけでなく、木材を加工する製材業の人の関心も高い。

品種を気にしないでやってきたこれまでの林業は、農業に比べるときわめて粗放な経営であるが、なぜこうなったのか。大きな背景には林業不振がある。木材の値段がかつての3分の1になり、植えることに熱が入っていない。大学教育の問題もある。木が育つ山では、地形は山あり谷あり、気象条件も田畑に比べて過酷で、品種の違いよりも、それを育てる土地、気温、降水量などの環境条件の違いの方が成育への影響が大きいと考えている教育者や研究者がほとんどである。確かに、樹木の成長にとって気象、土壌の影響は決定的であるが、同じ場所にいろんな品種を植えるとこれほどにも品種による違いが大きいのか、と実感したことのある教育者、研究者がいないのが根底にある。日本人は農耕民族であり、世界で最も几帳面で繊細な感覚をもっている。品種選びは日本人にとってもっとも得意とする分野である。日本農業は、同じ作物でも諸外国にはない卓越した品種を開発し、栽培することで高度な農業を実践してきた。同じ日本人がやっている林業では、なぜこれほど粗放なのか林業研究者の一人として反省するとともに、林業においてこれから品種が活用されなければならないと思っている。木材消費の８割を占める外材を打ち負かし、*集成材などの近代的な利用に対応していくために、わが国の林業活性化の起爆剤の一つとして期待したい。

2．林木育種の過去

林業の品種にはいろいろなレベルのものがある。例えば秋田杉など、その地域のものすべてを含むもので、これを品種と言っていいかどうか迷うところである。それに対し、いかにも品種です、というのが九州地方の在来品種である。この在来品種はマイナーなものまで入れると 100 品種程度あるが、メジャーなものの数は 20 から 30 位であろうか。これらの品種はさし木で殖やされるので、遺伝的にはきわめて安定している。さし木のやり方は、小枝を切って畑にさし、根を出させるごく単純なものである。一般にスギはさし木が易しいといわれているが、実際にやってみると、根が非常に良く出る個体から全く出ない個体までさまざまである。この根の出る性質を「発根性」と呼んでいるが、古くからのさし木品種には発根性が非常に良いものが多く、少々過酷な条件でも立派な根を出す。中には、さし付けるのに畑ではなく、林地にじかに枝をさす「直ざし」といった乱暴なやり方でも根を出す品種もある。さし木では大きな苗を割と早く作ることができるので、温暖で雨量も十分な九州では適した増殖技術である。在来品種の中で最も歴史が古いのはメアサという品種で、少なくとも千年以上も前にさし木に移されたといわれている。江戸時代には藩の指示でさし木品種による本格的な植林も行われた。品種がどういう風に育成されてきたか、古い品種の由来については不明である。比較的新しい品種は明治以降に熱心な林業家によって作られ、特に福岡県の八女地方では優れた品種が多数育成されている。わが国でこれまでに作られた品種はほとんどがスギであるが、品種作りが組織的にやられていなかっただけに非常にゆっくりしたペースで進められてきたし、たくさんの優れた特性を併せ持っている品種が少なかったという実態があった。これはイネの育種でも同じで、かつては熱心な農家が、元来暖かいところの作物であるイネをわが国で広く栽培しようと、寒さに強い品種の選抜に努めていた。しかしながら、科学的な蓄積が少なく、品種作りはゆっくりしたペースであった。それが、明治に入って農業試験場が設置され、人工交配に成功すると、在来品種を元に改良が進められ、昭和に入ると品種改良のための全国的なネットワークが整備された。このネットワークによって今日まで着実なペースで品種開発が進められてきた。イネは一年生作物なので毎年交配ができ、樹木に比べてはるかにスピーディな育種が可能である。栽培や交配に時間が極端にかかる林木育種は、個人が細々とやってできるものではない。1950年代後半の高度経済成長による木材の供給不足に対処するため、木材の生産力増強のために全国的規模で林木育種のネットワークが作られた。これがわが国における林木育種の本格的なスタートであった。これによって全国の森林から成長に優れた木がたくさん選ばれた。これらは「精英樹*」と呼ばれ、これを元に育種が始められた。これが現在の林木育種に至る歴史である。

3. 林木育種の現在

普段の生活ではお目にかかることのない林木育種は、森林の役割の多様化に対応して育種の目的も多様化しているが、主なものを挙げてみる。

まず、木材生産のための育種である。選んだ精英樹のうちの優れたものを使うことで樹高で7%、直径で8%、木材の量にして約25%の増加が得られた。現在、力を入れているのがスギの材質である。スギといえば、花粉をイメージされてしまうかわいそうな立場にあるが、成長がよく、まっすぐなので木材としての利用に非常に優れている。ところが、建物の建て方の変化で材質について改良すべき点が二つある。一つは強度である。スギの材の強度がほかの針葉樹に比べて低い。もう一つは材の含水率が高い個体があることである。このあたりの詳しい話は本書の藤澤氏のパート(2章)にあるが、スギの中にもさまざまな材質の個体があることがわかってきたので、現在改良に取り組んでいる。

図 1-1　松くい虫に強いマツをつくる
A：運び屋のマツノマダラカミキリ、B：マツを枯らすマツノザイセンチュウ（体長約 1 mm）、C：マツノザイセンチュウを接種して抵抗性を調べる
（独立行政法人森林総合研究所林木育種センター提供）

社会的に最も関心が高いのがスギ花粉症問題である。私自身、林木育種の道に入った 30 年前にはスギの交配のために花粉を手にとって扱ったものであるが、今では花粉の時期はどうも調子が悪い。スギ花粉症が社会問題化してきたことを受けて、花粉発生源である山側からの対策として、花粉症に対応した品種の育成を始めた。これについては福田氏のパート（3 章）に詳しく述べられている。

松くい虫の被害も依然として衰えない。多分、明治時代あたりにアメリカから運ばれた木材に紛れていたマツノザイセンチュウが、わが国に生息しているマツノマダラカミキリ（**図 1-1 A**）を運び屋にしてマツを枯らしたのが事の始まりである。うれしくないことに被害が北上を続け、今では本州最北の青森県まで拡がっている。マツノザイセンチュウは、長さは 1 mm 程度あるが、細長いミミズのような形をし、色もついていないので肉眼では見ることはできない(**図 1-1B**)。こんな小さなセンチュウが木を枯らすことは当時の教科書や専門書にも事例がなかった。明らかにしたのは日本の研究者で、それ以来センチュウが木を枯らすということが世界で広く認識された。マツノザイセンチュウがマツを枯らすのであれば、センチュウを接種しても枯れないマツがあるはずだ、といって始まったのが抵抗性育種事業である。松くい虫の被害のひどいマツ林にぽつんと残っているマツの木から枝をとってつぎ木し、その苗にマツノザイセンチュウを１万頭接種し(**図 1-1C**)、残ったものをさらにつぎ木して再度接種するやり方で抵抗性品種を作り出した。ちなみに、アメリカのマツはマツノザイセンチュウに抵抗性である。両者が同じところで長い間暮らしているので、強いマツだけが残ったと考えられる。わが国で育成した抵抗性品種もアメリカのマツ程度の抵抗性を備えている。現在、マツは木材生産のために植えられることは少なくなったが、海岸や岩山の急峻なところなど、マツしか育たないようなところがある。そのような、国土保全の観点から木を植えることがどうしても必要な場所では、この抵抗性品種が使われることが多い。

抵抗性品種では、スギカミキリに強いスギ品種も作り出している。最近は自然志向でスギの板を内装に張り付けたり、*間伐材をふんだんに使っている家をよく見かける。その板や丸太の一つ一つをよく見ていくと、数ミリ程度の丸い穴があいているのが見つかったりする。これは、スギカミキリの幼虫がスギの樹体を食い荒らした跡である。この被害は本州のスギ林ではかなり広がっている。そこで、スギカミキリの被害を受けたスギ林から無被害の個体を選び、幼虫を使った人

図 1-2　雪に強いスギをつくる
手前の 2 品種は根元の曲がりがほとんどない。(独立行政法人森林総合研究所林木育種センター提供)

工接種によってこのカミキリに強い品種を作り出している。抵抗性については、特筆すべきものがもう一つある。それは雪に対する抵抗性である。雪に対する抵抗性にはいくつか種類があるが、開発されたのは斜面を滑っていく雪の圧力を受けても根曲がりしないスギ品種である(**図 1-2**)。雪の少ないところでは雪による根曲がりが気にならないが、日本海側の地域では大きな問題である。木材にするのにもっともおいしいところが曲がってしまうのだから、根曲がりによる商品価値の低下は非常に大きい。この品種は、斜面下部に向かってしっかりした支持根を出し、それが根曲がりを防いでいる。

林業の低コスト化も日本林業に課せられた大きな課題である。低コストにしないと外材に負けてしまう。特に、雨量が多く下草が繁茂しやすい日本では、下草を刈る下刈りに経費がかかる。もし手を抜くとせっかく植えた苗木が下草に負けてしまう。また、下刈りは真夏の暑い時期の重労働で、高齢化した林業家にはつらい仕事である。何とか下刈りの回数を少なくできないか、という観点から初期成長のよい品種を集めて試しているが、スギ精英樹のF_1には、5年で7mになる個体も出てきた。

4. 林木育種の未来
――バイオテクノロジーが林木育種を変える――

未来の育種で、すぐに思いつくのが遺伝子組換えである。遺伝子組換え技術といえば、期待よりも、うさんくさいとされる昨今の状況がある。遺伝子組換えやクローン技術が簡単にできるようになった近未来を描いた「シックスデイズ」というシュワルツネッガー主演の映画が数年前に上映された。人間のクローンは違法で、ペットや植物のクローンは合法という設定だ。非合法にクローン人間を作っている悪者役の博士の奥さんには持病があり、奥さんを愛してやまない博士は、奥さんが亡くなるたびに奥さんのクローンを作っていたが、奥さん本人はこれ以上自分のクローンを作ることはやめてほしい、自分を自然に逝かせてほしい、と言って亡くなる切ないシーンがあった。その奥さんが自宅でランを交配して改良している一コマでは、それを見た博士が、17代の交配だったら遺伝子組換えではたった30分でできてしまうからやってあげるよと、もちかけるシーンがあった。人間の尊厳にふれるクローン人間については科学技術がどんなに進歩しようと、ハイどうぞということにはならないが、農作物や樹木の遺伝子組換えは近い将来思いのままに行えるようになるのは確実である。今でさえ、タバコなどの遺伝子組換えがやりやすい植物では、遺伝子組換えが大学の学部の学生の実習でやる程

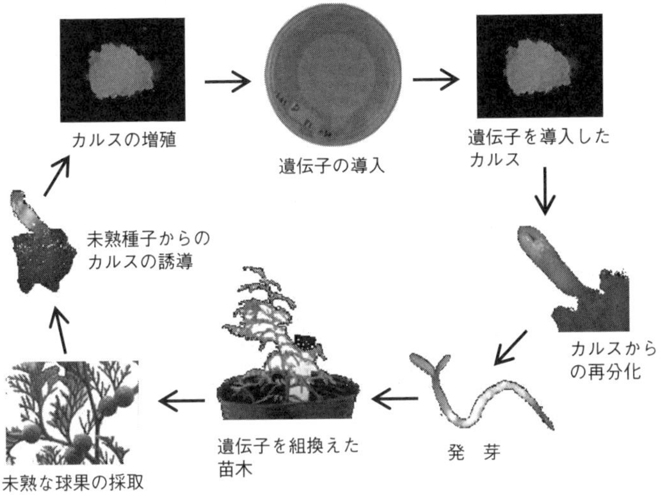

図 1-3　遺伝子組換えのやり方（谷口　亨氏提供）[1)]
これはヒノキのケース。スギでも同じやり方で遺伝子組換えに成功している。

度のレベルになってきている。そうなってくると、育種にとって遺伝子組換えを使わない理由を考える方が難しくなる。より早く、より安く、より確実に改良できるのである。特に、時間のかかる林木育種では時間が極端に短縮できるメリットは計り知れない。

ところが、林木のバイオテクノロジーはまだまだ始まったばかりで、代表的な林業樹種であるスギ、ヒノキ、マツなどの樹種では遺伝子組換えが最近になってやっとうまくいくようになったという、ヨチヨチ歩き状態である。**図 1-3** にヒノキの遺伝子組換えのやり方を示す。今のところ遺伝子組換えができるのは非常に若い組織から誘導した細胞に限られる。図のように、若い未熟な種子から細胞を取り出し、*カルスという未分化の細胞を誘導し、それを培養してふやした後、目的の遺伝子を入れるという手順をとる。これまでの研究で、やっと安定的に遺伝子を入れることができるようになった。ただ、入れた遺伝子は、入ったかどうか確認するためだけの目印となる遺伝子だけで、実用的なものはまだやっていない。それでは、これから何の遺伝子を入れるのか。我々の出した結論は、スギの花粉をなくすことへの挑戦である。これについては十分勝算があると考えている。すでに、フィンランドの研究者はシラカンバの仲間の木で遺伝子組換えによって花を作らせないことに成功している。花粉症である自分も含め、みなさんに望まれる遺伝子組換え樹木の開発に力を入れていきたい。

遺伝子組換えは今のところ反環境的なレッテルが貼られているが、そんなことはない。木材として優れているだけでなく、二酸化炭素を非常によく吸収する木、乾燥地でも成育できて砂漠化を防ぐ木、薬やサプリメントを生産する木など、夢は広がり、どれも実現可能に思える。そうやって飛躍的な改良をすることが残された貴重な自然林を保護することにもつながる。遺伝子組換えのやり方に不安なことがあれば、それを技術の改良によって克服することが可能である。やる気のある、若い力の参加を期待したい。

●文　献

1）谷口　亨：森林科学 No. 41, pp. 48–49 (2004)
2）大庭喜八郎・勝田　柾編：『林木育種学』、文永堂出版 (1991)
3）岸　洋一：『マツ材線虫病—松くい虫—精説』、トーマス・カンパニー (1998)
4）宮島　寛：『九州のスギとヒノキ』、九州大学出版会 (1989)

（近藤禎二）

2章　地球温暖化を防ぐために

1．地球の温暖化と炭素の貯蔵庫としての樹木

ニュージーランドと言えば真っ先に羊などの牧畜を思い浮かべるであろうが、林学の分野では北米から導入したラジアータパインによる合理的な林業で知られている。このことは、ある建材メーカーのTVコマーシャルによって一般にも知られるようになった。しかし、かつてニュージーランドには南極ブナやアガチス（*Agathis alba* Foxw.）の天然林が広がっていた。それらは今やほとんど切り尽くされ、牧場や農場、そして、ラジアータパイン林が広がっている。アガチスは*針葉樹だが、材には*広葉樹のカツラに似た美しい光沢があり、しかも材質が均一で強度が高い等の特徴を持つ。このことから、特に建築用材等として重用され、伐採が進んだ。往時には直径5m、樹高50mに達する巨木も珍しくなかったそうであるが、いまや谷間の一部に細々と保存されているのみである。

森林の消失と言えば東南アジアやブラジル等に広がる熱帯雨林を思い浮かべるであろう。しかし、ニュージーランドの例に示されるような温帯林やシベリアのタイガ等の冷温帯林においても、伐採による森林の消失がすすんでいる。その理由は色々あるが、いずれにしても文明とともに始まった農業他の産業活動と人口の増加が主役を果たしていることには間

違いない。その一方で、産業革命以降は石炭、石油等の化石燃料の消費が急増し、現在はさらに増加の一途をたどっている。それとともに地球の気温が高まりつつあり、この状態を「地球温暖化」と呼んでいる。地球温暖化のとらえ方には諸説あるものの、前述した化石燃料の使用や森林消失による「温室効果気体」の増加が最大の要因であるとの認識が定着しつつある。

大気中に含まれる「温室効果気体」は1％にも満たない。しかし、大気に温室効果気体が全く含まれていないのならば、現在は15 ℃の全平均気温が −18 ℃まで下がると試算されている。これは、温室効果気体が地表にかけた布団のように作用するためと考えられている。太陽から地上へ注がれるエネルギーは最終的に宇宙空間へ再放射されて失われてしまうが、その一部が温室効果気体に捉えられることによって気温が上昇するのであり、これを「温室効果」と呼ぶ。極端な温室効果の例が金星である。金星は90気圧にも及ぶ二酸化炭素で覆われている。そのため地表面の平均気温は464 ℃に達し、太陽からの距離が金星の半分にも満たない水星の表面温度よりも高い。地球の温室効果気体は金星よりもはるかに微量であるが、このまま増えつつづけると「温室効果」によって平均気温が上昇する。いくつかの気候モデルでシミュレーションした結果では、今後100年間に1 ℃から6 ℃程度、平均気温が上昇する可能性が高いと予測されている。

「気候変動に関する国際連合枠組条約の京都議定書」、いわゆる「京都議定書」が削減の対象とした「温室効果気体」は、二酸化炭素、メタン、亜酸化窒素、ハイドロフルオロカーボン、パーフルオロカーボン、六フッ化硫黄の6種である。しかし、温室効果気体の発生量の抑制は農業や工業などの産業活動の制限につながり、このことが地球温暖化解消の大きな障害となっている。ところで、地球温暖化への温室効果気体の影響の度合いは、二酸化炭素が 56 %、代替フロンが 17 %、メタン 15 %、亜酸化窒素 5 % であると試算されており、これによれば二酸化炭素の削減が最も効果的である。一方、樹木は大気中の二酸化炭素と根から吸い上げた水を原料とし、太陽光をエネルギーとして炭水化物を合成し、それらを木材として樹幹等に蓄積する。例えば我が国の代表的な造林樹種であるスギは、伐期(木材の収穫時期)に達した蓄積量(単位面積に生育する林木の木材に利用することができる樹幹部分の総体積量)がヘクタールあたり概ね 500 m^3 程度になる。スギ材の気乾密度(木材を通常の環境で最大限乾燥させた状態で測定した密度)を 0.36 g/cm^3 とすると、1 ヘクタールに蓄積された木材の総重量は 180 t となる。木材は重量にして 50 % は炭素なので、90 t が炭素である。このことに着目し、京都議定書では温室効果気体の排出量削減とともに、森林による二酸化炭素の固定を盛り込んだ。もちろん、スギ林などの森林が二酸化炭素を吸収・固定するメカニズムは、樹木等を中心とした複雑なシステムの上に成り立っており、そのメカニズムや二酸化炭素の収支を考慮した固定効果についてはこれから明らかにしなければならない部分もある。しかし、炭素の固定源として失われた森林を取り戻そうとする事業がすでに世界の各地で始まっている。

2. 木材の利用は地球を守る

森林の造成は地球温暖化の防止につながる。ひるがえって、我が国をみると国土の67％(2002年現在)は森林であり、しかもその41％(2002年現在)が成長他に優れたスギ、ヒノキ等の人工林である。このために新たに森林を造成する余地は少なく、このことによって炭素固定量を増やすことは難しい。そこで、我が国とカナダは現存する森林を改良することによる炭素固定量の向上を主張し、これが認められて気候変動枠組条約に取り入れることになった。では、どのようにすれば森林の炭素固定能力は向上するのであろうか。

先述したように木材は重量の半分が炭素であり、その原料は大気中の二酸化炭素である。樹木を大きく育てて木材を得る「林業」は、樹木を利用して大気中の二酸化炭素を木材として固定する産業とも言える。しかも、樹木は収穫後も木材としてさらに長い年月にわたって炭素を固定し続ける。このことに着目すると、単位面積あたりの森林の蓄積量が大きくなれば、炭素の固定量も大きくなるであろうことは容易に想像できる。一方、木材の構造的な特徴から、材積(木材の体積を特に材積という、単位は一般的に立法メートル：m^3が用いられる)が同じであっても木材の実質的な重量を増大させることができる。**図2-1**に2種の樹木の木口面(木材を輪切りにした断面)の走査型電子顕微鏡写真を示した。このように、木材は細長い細胞が束ねられてできあがっており、1と記した樹種は細胞の壁の部分が薄く内側の空間が大きく、2と記した樹種は細胞の壁は厚く内側の空間は小さい。両者の間には密度値に大きな差があり、左の密度は0.39 g/cm^3であり、右の密度は0.87 g/cm^3である。すなわち、細胞の壁の厚さの違いが木材の密度の差となっているのだ。また、木材を構成する細胞の壁の密度は針葉樹、広葉樹、樹種の別によらず、1.50 g/cm^3

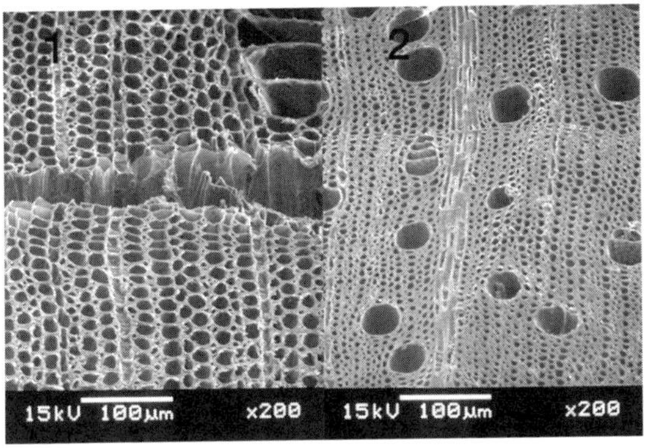

図 2-1　二種の木材の走査型電子顕微鏡写真による比較
（中田了五氏提供）

でほぼ一定であり、これを「真比重」と呼ぶ。これによって、木材の密度は一定の材積の中に木材の実質がどれくらいつまっているのかを示す。例えば、スギ材の密度が 0.36 g/cm³ であるのなら、材積の 24 % が実質であることがわかる。さらに、同じ樹種にも密度の高いものと低いものの違いがあり、その違いの大きさを変動係数（標準偏差値/平均値）で表すと 10 % 程度の大きさとなる。例えば、スギ材では、0.30 g/cm³ 以下から 0.40 g/cm³ 以上の値の差がある。このように、同じ樹種であっても個体によって材積当たりの炭素固定量が異なるのである。

一方、50 % とされる木材の炭素含有率をより高くすることができれば、より多くの炭素を固定できる。そこで、炭素含有率の高い品種を開発できるのかどうかを検討するため、スギの精英樹 40 クローンの炭素含有率を比較したが、炭素含有率のクローン間の違いは変動係数で 0.1 % 程度であり、一定とみなせる結果であった。

これらを総合すると、樹木の炭素固定能力は、それぞれの樹木の樹幹を構成する木部、すなわち木材の密度と樹幹の材積との積で比較できることがわかった。

ところで、森林に蓄積された炭素は伐採によってゼロに戻るが、伐採された樹幹は木材として利用され、家や家具として数十年以上の長い期間炭素を固定し続ける。もちろん、木材は紙等の原料にも利用され、それらの大半は短期間のうちに消費されてしまう。その一方で、伐採跡地は造林によって再び炭素を固定し続ける。炭素は樹木に取り入れられた後、燃焼・分解等によって大気中へ放出されるまで木材として固定されている。この機能を効果的に利用するためには、短期間で消費してしまう利用形態をできるだけ減らし、長期間にわたって木材を利用する必要がある。樹木が長い年月をかけて蓄積した木材で建てた家を、我が国では平均32年で解体してしまう。これを40年、50年にのばすことが炭素固定量の増加に大きく寄与する。また、ティッシュペーパーのような刹那的な木材の利用をできる限り減らすことも重要である。木材を長い年月にわたって利用することで炭素の固定量を増やすことができるのだ。

次の項では、樹木の炭素固定能力を高める手段として「林木の育種」が効果的であることを述べる。

3. 林木育種で森の能力向上

スギ、ヒノキ等の林木の育種は一般的に知られた農作物や家畜等の育種と少し異なる。それは林木の持つ特性による。林木は同じ植物である農作物よりも体が大きく、しかも*他殖性であり、農作物の多くが自らの花粉で受粉する自家受粉が可能であることとは対照的である。他殖性とは、別の個体から来た花粉でないと種を得ることができない性質をいう。また、一世代が極めて長いうえに、品種と呼ばれるものであっても大半は遺伝的な改良をほとんど受けていない野生に近い状態にある。体の大きさについてはアメリカに自生するジャイアントセコイア(*Sequoia dendron*)が最も有名であろう。根元径で12 m、樹高は84 mに達するものが現存しており、樹齢は2,700年と推定されている。ちなみに、我が国で樹高が最も高い樹木は秋田県二ツ井町に生育する「キミマチスギ」であるといわれており、58 mもある。この木は材積が40 m^3と推定されており、これ一本で大きな家を一軒建てることができる。

ところで、農作物の育種では、交配を繰り返すことによって遺伝子が均一な「純系」と呼ばれる家系にすることで、我々に都合の良い性質を固定する。しかし、林木で農作物と同じように林木の育種を進めると、先に示したような特徴から、品種を開発するのに研究者の勤続年数をはるかに超える長い年月がかかる。そこで、林木では独特の手法に基づいて形質に優れた品種の開発を進める。形質とは、成長や材質、病気や害虫に対する抵抗力等それぞれの個体の特徴が現れる性質のことをいう。先に述べたように林木は野生に近く、多くの*遺伝子座がヘテロである。このため、あらゆる形質で変異が大きいうえ、*林分で優れた形質を示した個体を選ぶとそれらの子供の形質はもとの集団の形質よりもすぐれている可能性が高い。このことを利用して効率的に品種の開発を進める。その概要を次に示した。

まず、林分の中で優れた素質を示す個体を「精英樹：プラス木」として、例えば樹高であるとか胸高部(地上から1.2 m点)の直径が大きい、あるいは木材の密度が高い等の形質に優れた個体を選ぶ。これを「選抜」という。選んだ精英樹はつぎ木やさし木、その他の方法によってクローン増殖を行う。クローンは親の遺伝子をそのまま受け継ぐので、育成された苗木は選抜した精英樹の遺伝的なコピー集団となる。次に、この苗木によって種を生産する採種園、もしくは、さし木苗をつくるための穂木を生産する採穂園を造成する。採種園や採穂園によって大量に殖やした苗木は林業用としてただちに山に植える。一方、次代検定林と呼ばれる試験林を造成し、精英樹のクローンや子供がもとの集団より優れている度合いを確かめる。精英樹の中には、環境の影響などによってたまたま優れた性質を示したものが混じっている可能性があるからである。次代検定林は先に示したように精英樹の優れている度合いを確かめる過程で、誤って選抜された精英樹を見つけることも重要な役割である。これらを採種園、採穂園から取り除くことによって、選抜の効果をさらに確実にすることができる。一方、次代検定林のデータによって優れた精英樹を選び、それらの相互間で交配することによって子供を作り、そこから優れたものを選ぶと、これまでの精英樹よりもさらにすぐれていることが期待できる。これは次の世代の精英樹という意味で次世代精英樹、あるいは第二世代の精英樹と呼ぶ。このサイクルを繰り返すことによって精英樹の利点をより向上させることができる。

スギの[*]ヤング率を例にとり、選抜による改良の概念を模式的に示したのが**図2-2**である。ヤング率は弾性率とも言い、基本的には小学校で習ったフックの法則と同じである。木材

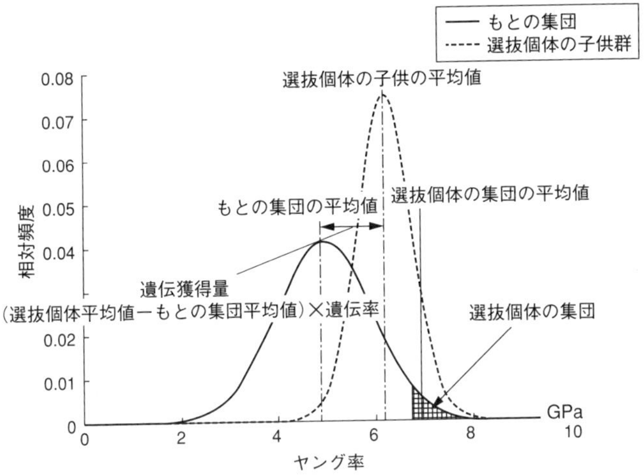

図 2-2　ヤング率を例にとった林木育種による品種改良の模式図

や金属、ガラス等に適用でき、それらをバネに見立てたばあいのバネ常数である。ヤング率が高いと伸ばしたり縮めたりするのにより多くの力を必要とする。また、強さとも関係が深いので柱や梁の品質を示す重要な値と考えられている。このヤング率が高く、元の集団で上位に属するものだけを選抜する。図では元の集団の分布の右端に網掛けで示した部分である。選抜した集団の平均値とそれらの子供集団の平均値の比が遺伝率である。遺伝率は育種によってどれだけの改良効果を得ることができるのかを示す遺伝的獲得量を得るために必要な値である。

ここに示した育種システムは育種に必要な年月を短縮することを目的に考えられたものであり、「精英樹選抜育種」と呼ばれる。このシステムによっても品種を開発するためには相当の年月が必要である。しかし、その効果は半永久的に継続し、ここに林木育種の最大の利点がある。では、次の項で林木育種によって林木の炭素固定能力をいかに向上させるのかを具体的に述べる。

4. 炭素固定能力を高める育種

日本の林木育種は、大戦後の国土の復興資材を確保するため、木材の生産量増大を目的として始まった。天然林を生産性の高いスギ等の針葉樹の人工林に置き換える「拡大造林」といわれる施策と、林木育種技術による森林の生産性の向上によって国土復興資材を調達しようとしたのである。そのため、成長量の改良に関してはこれまでに多くの成果を得ている。林木の成長は気候及び土壌や水分条件他の環境条件によって変化するが、それと同等かそれ以上に強く影響するのが遺伝的要因である。このことは、スギやヒノキ等の針葉樹だけではなく、ケヤキ等の広葉樹も含む多くの造林樹種で確かめられており、林木の成長が育種によって効果的に改良できることを示唆する。成績の優れたものから上位のどれくらいまでを合格とするのかを示す選抜率等の条件によっても異なるが、これまでの成果では、精英樹は改良を受けない従来の苗木よりも成長量が材積にして15％向上することがわかっている。さらに、現在では最初に選抜した精英樹、すなわち第一世代の精英樹の子孫からさらに良いものを選ぶ第二世代の精英樹の選抜に着手しており、これによって第一世代の精英樹に比べて15％、従来の種苗に比べるならば30％以上も成長量が向上することを期待できる。

一方、木材の実質量を示す密度は炭素固定量を示す指標としてだけではなく、木材を利用する上でも材質を示す重要な

表 2-1　スギのクローンごとの材積、密度、材積と密度の積の比較

クローン名	個体当たりの材積（m³/個体）	材の密度のクローン平均（kg/m³）	材積×密度（kg/個体）
甘　楽 1	0.09	425	39.7
西白河 4	0.16	284	46.6
上都賀 7	0.21	319	65.5
郷　台 1	0.21	324	66.7
沼　田 2	0.21	319	66.5

出典：森林総合研究所林木育種センター研修資料（田村　明作成）

指標値となる。紙パルプの生産では、密度が高いほど同じ量の原木からより多くの製品を得ることができる。また、原木の輸送コストの削減にもつながる。木材は材積で取り引きされ、運送単価も材積で決められているからである。このようなことから1960年代に密度を向上させるための研究が欧米で精力的に進められ、針葉樹、広葉樹を含めた多くの樹種で成果が得られている。材の密度が高くなると強さや堅さなども向上するので、木材の密度の向上は森林の単位面積当たりの炭素固定量の向上だけではなく、木材を利用するうえでも有利になる。

これらの成果を組み合わせることで、成長が良く材の密度も高い、より多くの炭素を固定できる品種を開発できる可能性がある。しかし、成長に関する形質と材の密度に関する形質との間に遺伝的な負の相互関係がある場合、一方を改良すると他方は劣化して効果を打ち消し合う。都合の良いことに、多くの樹種で材の密度と成長のそれぞれを支配する遺伝子は、独立したものであると見なせる結果が得られている。**表 2-1** は、スギクローンについて個体当たりの材積と密度、炭素固定量の指標として材積と密度の積を比較したものである。材積と密度の積で示した個体当たりの木材実質量(その半分は炭素と見なせる)には、クローンによって1.6倍の差がある。この成果をもとに、個体当たりの炭素固定量の多いスギ品種の開発が2006(平成18)年に始まった。

炭素固定を目的とした林木育種において、密度以外に注目すべき木材の性質に抽出成分がある。木材を細かな粉に粉砕し、水やエタノール、ベンゼン、トルエン等に浸すと細胞の中に含まれていた成分が解けだしてくる。これらは抽出できる成分ということから「抽出成分」呼ばれており、*心材部分に多く含まれる。熱帯産の樹種やユーカリ等には抽出成分量が極めて多いものがあるが、スギ材でも重量で5％程度含まれていることは珍しくない。この抽出成分の中に木材の耐腐朽菌や耐シロアリに関係が深いものが含まれていることがわかりつつある。そこで抽出成分量の多い品種の開発は可能か否かを検討するため、スギのクローンの抽出成分量を比較したところ、クローンごとに大きな差があった。**図2-3**は地際からの高さとクローン別に示した心材部分の抽出成分量である。いずれの部位においても、抽出成分量はクローンによって明らかな差がある。しかも、遺伝率も高いことがわかった。抽出成分の育種的研究は始まったばかりだが、この面における研究の成果は木材を薬剤処理せずに腐朽やシロアリから守ること、言い換えれば環境や人にやさしく木材を長期間にわたって利用するための技術の確立につながるものであり、大きな期待が持たれている。

また、幹の形も重要な形質である。樹幹が曲がっていたり、先細りが強かったり、断面が円形ではなかったりすると、製材する際に切り捨てられる部分が多くなってしまう。

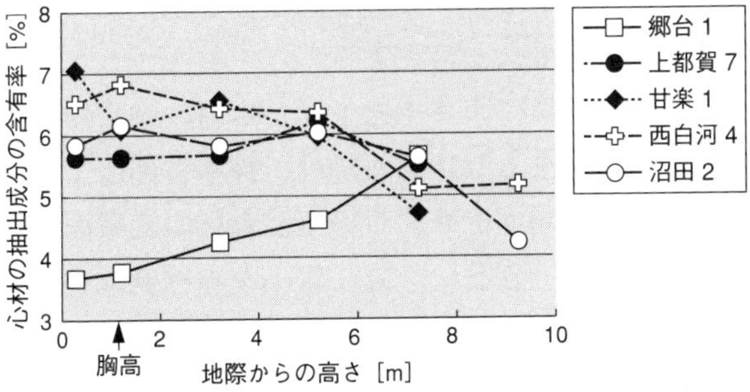

図 2-3　スギ心材成分の抽出成分量のクローンと樹高による変異[1)]
(田村 明ほか 2004 を改変)

成長量に差のあるスギ 4 クローンを選択し、それぞれのクローンから 6 個体を選択して樹高ごとに直径を測定し、樹幹の形を分析したところ、クローンごとに細り具合や形状が異なることが統計的に裏付けられた。これらの結果は、樹幹の形も遺伝的な支配が強いことを示唆するものであり、育種によって木材の利用効率を向上させることが可能であることを示唆するものでもある。

この他、遺伝子組換えの研究においても成果が得られつつある。遺伝子組換え技術によって*リグニンを生成する遺伝子の発現を押さえ、木材のリグニンの含有量が少ない個体を創り出すことに成功した例がいくつか報告されている。パルプ生産の障害となるリグニンが少なくなるとパルプの収量が向上するために廃棄される原料が少なくなり、エネルギーや化学薬品の消費量が減少する。さらにはダイオキシンなどの有害物質の発生も少なくなる。また、スギでは*QTL(量的遺伝子座)解析の結果、成長、材の密度と弾性率の連鎖地図上の位置が明らかになった。これは、遺伝子組換え技術による成長や材質の制御につながる成果である。遺伝子組換え技術も実用化が見える段階に来たと言えよう。

このように、林業による木材生産と木材の効果的な利用によって炭素を固定するシステムでは、林木育種によって樹木の炭素固定能力を向上させ、しいては森林の炭素固定能力を高めることが期待できる。一方、豊かな森林資源を持つ我が国であるが、1995 年以降は木材市場の 80 % 前後を輸入材が占めるようになった。このこともあり、林業は衰退の一途をたどっており、新たに植林されることなく放置された伐採跡地が増加している。これでは、豊かな森林を活かすことができないばかりか、林地崩壊等の災害のきっかけになる可能性もある。森林の炭素固定能力で地球温暖化を防止するためには、まずは林業を再生する必要があろう。この点においても、木材の価値の向上、施業の省力化、木材の合理的な流通と利用に寄与することを目的とした林木育種の研究が進んでいる。

これら林木育種の成果が林業の振興に寄与し、しいては森林の炭素固定能力の向上、地球温暖化防止に役立つことを願っている。

●文　献

1） 田村　明ほか：『スギ精英樹クローンにおける心材の抽出成分の樹高方向の変動』、木材学会誌 50(4)、pp. 236−242 (2004)

2） Southwick C. H.：“Ecology and the quality of our environment (Second edition)”, D. Van Nostrand Company, 426 p. (1976)

3） Diamond J. T. and Hayward B. W.：“Kauri timber days−A pictorial account of the Kauri timer industry in New Zealand”, The Bush Press, 48 p. (1991)

4） 林業科学技術振興所編：『木の家づくり』、海青社、275 p.（2002）
5） 日本林業技術協会編：『木の 100 不思議』、日本林業技術協会、217 p.（1995）
6） White T. L. *et al.*："Forest Genetics", Cabi International, 704 p.（2007）
7） 古越隆信・谷口純平：『林木の育種―実践林業大学 XXVI』、農林出版、223 p.（1982）

（藤澤義武）

3章　花粉を飛ばさないスギを求めて

スギ花粉症は日本において、ダニアレルギーと並んで最も深刻なアレルギー疾患のひとつである。「スギ」と聞くと鼻が反射的にむずむずとしてくる人も少なくないだろう。最近ではすっかり悪者のイメージが定着してしまった感のあるスギだが、本来はその名の通り成長が早く通直*であり、木材として加工しやすいため、古くから日本人に親しまれてきた樹種である。また、その長い造林の歴史の中で、品種改良や施業法、苗木生産に関する知識が豊富に蓄積されてきており、「良い木」を育てる技術が確立されている貴重な樹種である。スギ花粉症問題を解決するために、手っ取り早くスギを伐って他の樹種を植えればよいという声を聞くことがあるが、日本の森林面積の約18％を占めるスギ人工林をすべて伐ってしまうのは、国土保全上問題があるし、他の樹種に転換するとしても、特に広葉樹に関しては育苗・造林の技術が確立していない樹種が多いため、人工林の育成は困難を伴う可能性が高い。また、スギと並んで主要樹種であるヒノキも花粉症の原因になるため、スギと同様花粉症対策が必要である。日本の林業にとってかけがえのない樹種であるスギやヒノキを利用し続けるために、スギ花粉症は避けて通れない問題となっている。

林業における最も根本的な花粉症対策が品種改良、即ち雄花の量が少ない、または花粉を生産しない品種の育成である。*間伐や*枝打ちなどの施業による花粉生産量の減少も有効な手段のひとつであるが、それを効果的に行うためにも品種の選択が重要な鍵となる。間伐や枝打ちをした場合、日当たりがよくなり、花粉生産量が増加してしまう可能性があるが、日当たりが良くても雄花をつけにくい品種や、*雄性不稔の品種を造林すれば、間伐や枝打ちを行っても雄花の量は増加しない。本章では、花粉症の軽減に向けた品種改良とその実用化に向けた展望について述べたい。

1. スギ花粉の特徴

まず、スギ花粉の特徴を紹介しよう。スギ花粉は直径30～40 μmの球形をしており、先の曲がった突起(パピラ)が特徴である(**図 3-1**)。表面には、花粉の外壁と同じ成分で構成される金平糖のようなツブツブ(オービクルス)が付着している。スギの雄花1個にはこのような花粉が40万個程度含まれている。スギ花粉症は主に、花粉中に含まれる2種類のタンパク質、Cry j 1とCry j 2が目や鼻の粘膜上で溶出し、吸収されることによって引き起こされる。花粉症などのアレルギー疾患の原因となる物質はアレルゲンと呼ばれ、アレルギーの原因となる植物や動物の学名と発見された順を組み合わせて命名される。Cry j 1とCry j 2の場合、スギの学名*Cryptomeria japonica*に由来する。Cry j 1とCry j 2はいずれも細胞壁を構成するペクチンを分解する機能を持つと推定されており、いずれも花粉の発芽や花粉管の伸長に関与すると考えられている。スギの雄花は関東地方では6月上旬から7月上旬に分化して成長し、9月下旬には葯の中に花粉母細胞が認め

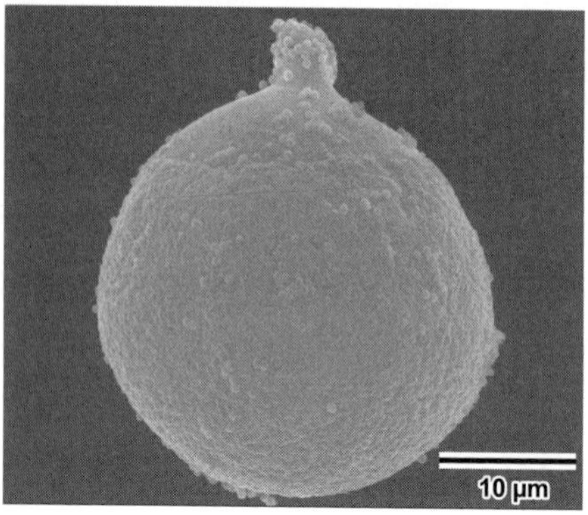

図 3-1　走査型電子顕微鏡で見たスギ花粉(星比呂志氏提供)

られる。10月になると、花粉母細胞は1回の減数分裂と1回の体細胞分裂によって花粉四分子となる。こうして1個の細胞から4個の花粉細胞に増えた後さらに細胞分裂を行い、生殖核をもつ*雄原細胞と花粉管核をもつ*栄養細胞を生じ、11月下旬には発芽能力を持つ成熟花粉となる。この頃雄花を割ってみると、ほぼ成熟した花粉が観察できる。

2. 花粉の少ないスギ品種の育成

1本のスギの木がつける雄花の量が品種により大きく異なることは、古くから知られており、例えば九州のさし木品種の中でもアヤスギやホンスギ、メアサなどは雄花が少なく、クモトオシやヒノデスギは雄花が多い。さし木の場合、すべて遺伝的に同一のクローンであるため、雄花の量の違いは遺伝的なものだと考えられる。一般的にスギは20～30年生で雄花をつけるようになるが、雄花が少ない品種は50～60年生に達してもほとんど雄花をつけない。スギの伐期は50～60年

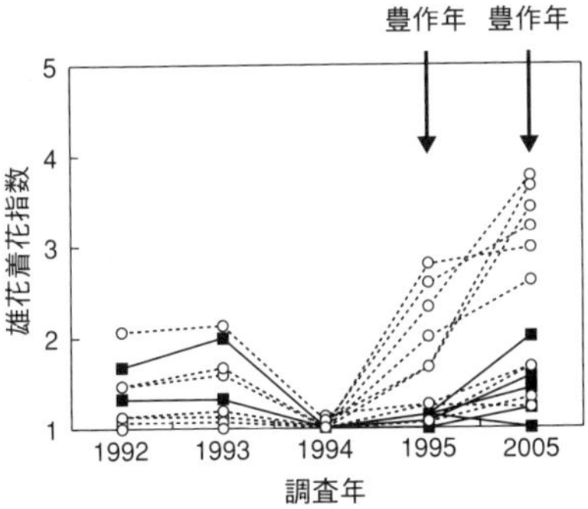

図 3-2 「花粉の少ないスギ」品種と他の精英樹の雄花の量の比較 [1)]

精英樹の雄花の量を 1 ～ 5 の 5 段階で評価し、比較した(1 は着花していないことを示し、2 ～ 5 は数字が大きくなるに従って雄花の量が多くなる)。1992 年から 1995 年の調査結果から選ばれた「花粉の少ないスギ」品種を■、その他の精英樹を○で示した。1995 年と 2005 年はスギの大豊作年であり、多くの精英樹で雄花の量が増加したが、「花粉の少ないスギ」品種ではほとんど増加しなかった。

であるから、伐期までほとんど雄花をつけない品種を造林すれば、花粉を飛散させずにスギを収穫することができる。

スギを利用し続けるために、花粉症を起こしにくい品種を育成することが急務であることは先に述べたとおりである。しかし、なぜスギを植えるのか、という根本に立ち返ると、スギは木材として利用するために造林するのであり、第一に求められるのは、木材としての優れた特性である。従って、「花粉の少ないスギ」品種は成長や通直性、材質に優れている上に、雄花が少ない特性を併せ持つことが望ましい。これまでに、木材生産に適した品種の育成を目的として、全国の人工林や天然林から約 4000 本のスギが成長や通直性に優れた「精英樹」として選び出されている。そこで、森林総合研究所では、都府県と連携して林業的にも花粉症対策においても価値の高い品種として、精英樹から「花粉の少ないスギ」品種を選び出した。「花粉の少ないスギ」品種は、雄花を全くつけないか、またはわずかにつける程度である。その効果は特に花粉生産量の多い年に顕著で、他の品種が大量に雄花をつけたのに対して、「花粉の少ないスギ」品種は極めて少量の雄花をつけたのみであった(**図 3-2**)。これまでに、全国で112品種の「花粉の少ないスギ」品種が選定されており、これらの苗木が造林され始めている。「花粉の少ないスギ」品種が持つ特性を最大限に引き出すためには、さし木によってそっくり同じ遺伝子をもつクローンの苗木を増やし、山に植えるのが理想的である。また、一般的にさし木苗は種子から育てた苗と比較して雄花が少ないと言われており、花粉症対策上はさし木が望ましい。しかし、さし木よりも種子による苗木生産が主流となっている地域も多く、また、苗木の生産効率は種子のほうが高い。そのため、種子を生産する採種園に「花粉の少ないスギ」品種を植え込み、これらから優先的に種子を採取するという方法で、雄花の少ない苗木の普及を進めている地域もある。雄花の少ない精英樹に着目した花粉症対策を先進的に進めてきた千葉県では、品種ごとに種子を採取し、それらを育てた苗木を植栽した試験地で、品種ごとに子どもの雄花の量を調査し、雄花の少ない子どもを生産する品種を選び出している。現在では、選ばれた品種のみから種子を採取して造林に利用しており、研究の成果が、これから育つスギ林に直に反映されることが期待される。

また、花粉症の直接の原因であるアレルゲンの量に着目した品種の選定も進められている。スギ花粉のアレルゲンが花粉中に含まれる2種類のタンパク質、Cry j 1とCry j 2であることは既に述べた。単位重量当たりの花粉に含まれるCry j 1およびCry j 2の量も品種によって大きく異なることから、雄花が少なく、さらにアレルゲン含量も少ない品種を利用すれば、より効果的に花粉症対策を進めることができる。これまでの調査で、「花粉の少ないスギ」品種の中でも極めてアレルゲン含有量が少ない品種が見つかっており、「アレルゲンの少ないスギ」品種として花粉症対策への活用が期待されている。

3. 雄性不稔スギの発見

スギ花粉症の最も根本的な解決策のひとつは、花粉を飛ばさない、ということである。その可能性を開いたのが、1992年に富山県林業試験場(当時)の平英彰氏らが発見した雄性不稔スギである。これは神社の境内にある一見普通のスギであるが、平氏らはスギ花粉の飛散開始日の調査のために毎年枝に着花した雄花を叩いているうちに、花粉飛散期を過ぎてもこのスギの雄花から花粉が飛び出さないことに気付いたという。さらに、このスギから種子を採取し、苗木を育てて調べてみたところ、この中から雄性不稔のスギが数本見つかった。そのうち、特に成長が優れていたものが「はるよこい」として品種登録されており、緑化用として利用されているが、このように苗木の中に雄性不稔個体が見出されたことは、発見された雄性不稔スギの周辺に、雄性不稔遺伝子を持つスギが他にも存在することを示している。また、平氏らはその他に採種園から生産された苗木からも、雄性不稔スギを見出している。平氏らは、人工林や採種園から生産された苗木における雄性不稔の苗木の出現率から、調査地によって異なるも

の の1000本から6000本に1本の割合で雄性不稔スギが存在すると推定した。事実、これまでに富山県、新潟県、福島県、神奈川県、茨城県で合計18個体の雄性不稔スギが発見されており、現在も精力的に雄性不稔スギの探索が進められている。

このように、より多数の雄性不稔スギが求められる理由はいくつかある。ひとつは、地域によって適した品種が異なることである。スギの場合、林業種苗法によって、気象条件の違いに基づく種苗配布区域が定められており、異なる区域間の苗木の移動が制限されている。特に、雪害に対する抵抗性の違いから、積雪の少ない地域から多雪地域への苗木の移動はできない。また、気象害や病虫害によって一斉に被害を受けることを避けるために、複数の品種を入れて遺伝的な多様性を持たせる必要がある。そのため、できるだけ多くの雄性不稔スギを発見し、林業に取り入れてゆくのが望ましい。さし木での利用を想定した場合にも、複数品種の雄性不稔スギが必要となるが、種子による雄性不稔スギの苗木生産においてはさらに、同じ雄性不稔遺伝子を持つ雄性不稔スギが複数必要となる(詳細はp. 45参照)。

雄性不稔は様々な植物で見出されており、その発現過程も多様であることから、雄性不稔を引き起こす遺伝子は多数あると考えられる。雄性不稔とは、雄花をつけないことだけでなく、広く正常な受精能力のある花粉を形成しないことを指す。これまでに発見された雄性不稔スギはすべて、雄花はつけるものの花粉が発達の途中段階で異常となり、最終的に花粉を飛散させないタイプである。林木育種センターで発見された「爽春」の場合、11月下旬に雄花を切ってみると正常な

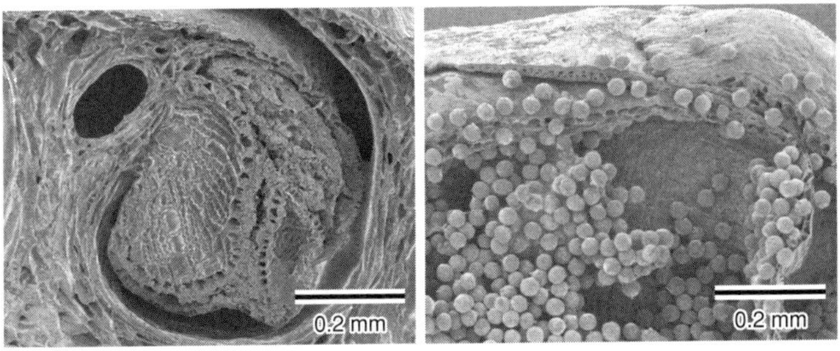

図 3-3　走査型電子顕微鏡で見た雄性不稔スギ「爽春」の雄花内部（左）[2] と正常な雄花の内部（右）。

正常な雄花では花粉の形成が認められるが、「爽春」では認められない。（星比呂志氏提供）

花粉が認められず、退化した花粉とおぼしきものが癒着した塊が見られる（**図 3-3**）。花粉の異常が認められる発達ステージはひとつではなく、減数分裂期に異常を示すものから成熟期になってから花粉が崩壊するものまで、様々なタイプが見出されている。

雄性不稔には細胞質雄性不稔と核遺伝子雄性不稔とがあり、遺伝様式が異なる。細胞質雄性不稔は主にミトコンドリアゲノムに存在する遺伝子の突然変異により引き起こされる。多くの植物ではミトコンドリアゲノムは母性遺伝するが、スギの場合、近縁のセコイアやヒノキで主に父性遺伝することから、父性遺伝であると推定される。従って、スギでは細胞質雄性不稔が見つかる可能性は低い。一方、核遺伝子雄性不稔は、メンデルの法則に則った遺伝様式を示す。この場合、スギはそれぞれ、雄性不稔遺伝子または正常な花粉を生産する遺伝子のいずれか一方を２つ、あるいは両方をひとつずつ、合計２つの遺伝子を持つ。そして、子どもにはそのうちの一方が受け継がれ、子どもは母親から一つ、父親から一つの遺伝子を受け取ることになる。雄性不稔遺伝子を２つ持つスギは雄性不稔となり、正常な遺伝子を２つ持つスギは正常な花粉を生産する。雄性不稔遺伝子と正常な遺伝子の両方を持つスギはというと、雄性不稔遺伝子が正常な遺伝子よりも優性であればこのスギは雄性不稔となり、劣性であれば正常な花粉を生産するスギとなる。

雄性不稔遺伝子が優性であれば、雄性不稔スギを母親として他のスギの花粉を交配すると、その苗木はすべて、母親から雄性不稔遺伝子を受け継いでいるため、雄性不稔となる。しかし、劣性の核遺伝子雄性不稔の場合、話は複雑になる。その遺伝様式を**図 3-4**、**図 3-5** に示した。雄性不稔スギに正常なスギを交配すると、その子ども(F_1)は雄性不稔スギから雄性不稔遺伝子を、正常なスギから正常な遺伝子を１つずつ受け継ぎ、雄性不稔遺伝子と正常な遺伝子の両方を持つスギになる。しかし、雄性不稔遺伝子は劣性遺伝子であるため、雄性不稔遺伝子と正常な遺伝子の両方を持つスギは、雄性不稔ではなく正常な花粉を形成する。そこで、雄性不稔遺伝子と正常な遺伝子を持つ子どもの花粉を、さらに母親である雄性不稔スギに戻し交配すると、雄性不稔遺伝子だけを持つスギと、雄性不稔遺伝子と正常な遺伝子を持つスギが１：１で出現する(**図 3-4①**、**BC_1**)。あるいは、雄性不稔遺伝子と正常な遺伝子を持つ子ども同士を兄妹間で交配すると、孫の代では、雄性不稔だけを持つスギ、雄性不稔遺伝子と正常な遺伝子を持つスギ、正常な遺伝子だけを持つスギが１：２：１で出現し、雄性不稔のスギが４分の１の割合で出現する(**図 3-4②**、**F_2**)。これまでに明らかにされている範囲では、スギ

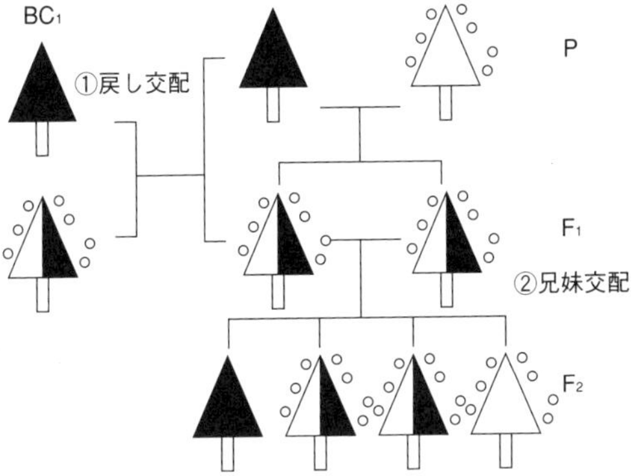

樹冠が黒いスギは雄性不稔遺伝子のみを持つスギ、白いスギは正常な遺伝子のみを持つスギ、黒と白と半々のスギは雄性不稔遺伝子と正常な遺伝子をひとつずつ持つスギを示す。樹冠の周囲の○は飛散する花粉を表し、正常な花粉を生産することを示す。雄性不稔遺伝子が劣性の核遺伝子の場合、雄性不稔遺伝子のみを持つスギだけが雄性不稔となり、正常な花粉を生産できない。一方、正常な遺伝子を持つスギは、正常な花粉を生産する。雄性不稔スギと正常なスギを交配すると、その子どもは両親から雄性不稔遺伝子と正常な遺伝子をひとつずつ受け継ぎ、正常な花粉を生産する。子どもを雄性不稔スギに戻し交配すると、雄性不稔スギと子どもの両方から雄性不稔遺伝子を受け継いだ孫と、雄性不稔スギから雄性不稔遺伝子を、子どもから正常な遺伝子を受け継いだ孫が１：１の比で出現する（①）。子ども同士を交配すると、両親から正常な遺伝子を受け継いだ孫、一方から雄性不稔遺伝子、他方から正常な遺伝子を受け継いだ孫、両親から雄性不稔遺伝子を受け継いだ雄性不稔の孫が１：２：１の比で出現する（②）。

図 3-4　劣性の核遺伝子に支配された雄性不稔の遺伝様式

の雄性不稔は劣性の核遺伝子支配によるものであるため、雄性不稔スギを種子で得るためにはこのように２度の人工交配を繰り返さねばならない。

この方法には、雄性不稔スギとその子ども、あるいは子ども同士の交配は近親交配であるため、近交弱勢が生じる可能性があるという大きな問題点がある。同じ両親をもつ兄妹間での交配では、苗木の成長が約20％低下したという報告もあり、近親交配はできるだけ避けなくてはならない。このと

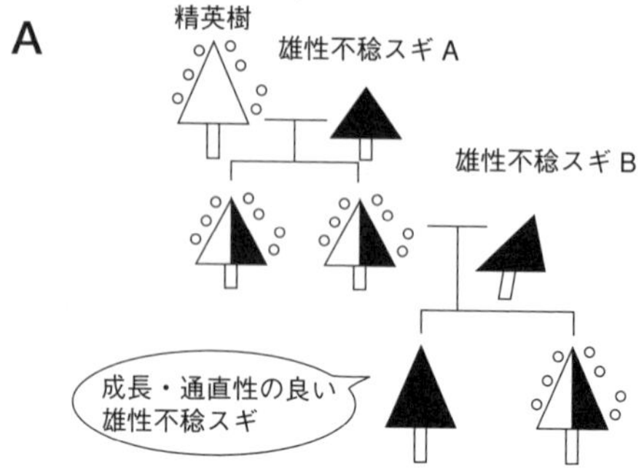

雄性不稔スギ A に精英樹を交配すると、成長や通直性が改良され、かつ雄性不稔遺伝子と正常な遺伝子を持つ子どもが得られる。得られた子どもに雄性不稔スギ B を交配すると、雄性不稔スギ A 及び雄性不稔スギ B よりも成長、通直性に優れた雄性不稔の孫が得られる。

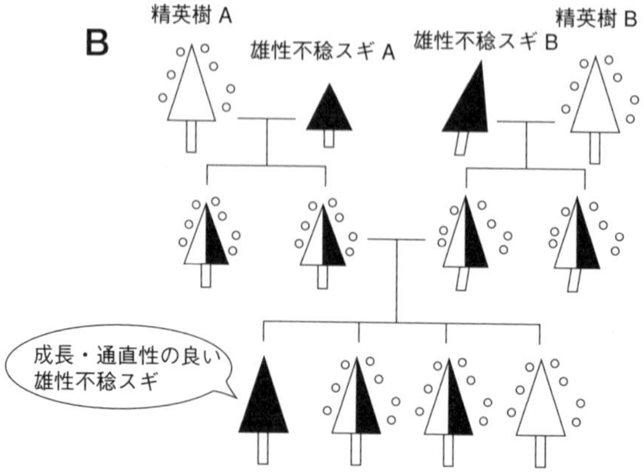

雄性不稔スギ A 及び B に、それぞれ異なる精英樹 A 及び B を交配し、その子ども同士を交配すると、雄性不稔スギ A 及び B よりも成長、通直性に優れた雄性不稔の孫が得られる。

図 3-5　同じ雄性不稔遺伝子を持つ 2 品種の雄性不稔スギを利用した苗木生産および品種改良の例

き、全く血縁がなく、同じ雄性不稔遺伝子を保有する雄性不稔スギが複数あれば、ある雄性不稔スギから得られた子どもを他の雄性不稔スギと交配する(**図3-5A**)、あるいはそれぞれに異なる父親の花粉を交配し、得られた子ども同士を交配する(**図3-5B**)ことによって、近親交配することなく雄性不稔のスギ苗木を生産することができる。人工交配は一見、手間のかかる作業に見えるが、ここに育種の重要な可能性——親よりも優れた品種を作り出す可能性——がある。特に、雄性不稔スギの場合、「雄性不稔」という特性のみ着目して選び出されているため、必ずしも成長や材質に優れているわけではない。そこで、雄性不稔スギをそれぞれ異なる精英樹と交配し、その子ども同士を交配することによって(**図3-5B**)、孫の代では祖父から優れた林業特性を、祖母から雄性不稔を受け継いだ品種を作り出すことができる。成長や材質のみならず、気象害や病虫害に対する抵抗性についても同様であり、人工交配によって地域やニーズに合わせた品種改良が可能となる。

一方、雄性不稔の原因遺伝子の解明も進められている。遺伝子が特定できれば、精英樹を遺伝子組換えすることによって、優れた雄性不稔品種をより短期間で作り出せるようになるだろう。

4. スギと人間の復縁に向けて

これまで、林木育種におけるスギ花粉症対策として、雄花の量およびアレルゲン含有量が少ないスギ品種の選定や、雄性不稔スギの探索といった取り組みを紹介してきた。これからの課題は、精英樹をベースとして進展してきた林木育種に花粉症対策を取り込んでゆくことである。深刻なスギ花粉症の現状に鑑みると、花粉症対策を講じることなしにスギを植えることはできない。しかし、山林所有者にしてみれば、木材としての価値が保証されないスギを植えるわけにはいかない。精英樹の中でもとりわけ優れたものを花粉症対策品種と交配することによって、山林所有者と花粉症患者の両方に有益な品種を作りだすことが、花粉症対策の最終的な目標である。

しかし、花粉症患者も山林所有者も満足するような品種を創り出すには、まだ時間がかかる。それを待っていては、花粉症は悪化する一方なので、都市近郊などの早急な対策が求められる地域ではまず花粉症対策を優先し、現存の花粉症対策品種をさし木で増やして、できるだけ早く植え換えに着手する必要がある。「爽春」の組織培養技術や、効率的なさし木技術も研究されており、確立されれば、クローンでの大量増殖が可能になるだろう。種子によって雄性不稔の苗木を生産するためには、雄性不稔の品種にヘテロ接合体の品種をかけ合わせる必要がある。この場合、半分は雄性不稔だが、残り半分は正常な花粉を生産する苗木となってしまう。しかし、例えば、雄花が少なく、かつ雄性不稔遺伝子のヘテロ接合体の品種をかけ合わせれば、雄性不稔ではない苗木も雄花が少なく、すべての苗木が花粉症対策に有効となる。一斉に現存のスギ林を転換するのは困難だが、現存の花粉症対策品種を利用しつつ、持続的に進められる育種の成果を取り入れ、花粉症のない林業を実現してゆく必要がある。

「花粉の少ないスギ」品種や雄性不稔スギについて新聞やテレビから取材を受けるとき、必ず出る質問のひとつは「効果が出るまでに何年かかるのか」である。確かに、スギが雄花をつけるようになるのは、植えてから20～30年後のことである。しかし、それは効果が出るまでに20～30年かかるということを意味するのではない。現在花粉を飛散させているスギを伐採した時点で花粉生産量はゼロになり、その後「花粉の少ないスギ」品種や雄性不稔スギを造林すれば、その林は将来にわたってほとんど花粉を生産しないことになる。つまり、伐採した時点で花粉飛散量は減少するのであり、その効果を持続させるために花粉症対策品種を造林するのである。そのように説明した後で、「今植えられているスギを伐った時点で、効果があります」と答えると、大抵の人は納得してくれる。

スギ花粉症の一因は、安価な輸入材に押されてスギの材価が低迷し、多くのスギ林が伐採されずに放置されていることにある。既に伐期を過ぎ、花粉を大量に飛散させているスギを伐採し、造林と収穫のサイクルを修正することも、花粉症の根本的な解決に不可欠である。戦後の拡大造林政策によって、必要以上にスギを造林してしまったことも否定できない。需要と造林面積のバランスを見直す必要もあるだろう。花粉症が、日本人とスギの関係がバランスを失ったために生じてきた問題であるとすれば、花粉症の最終的な解決はそのバランスの修復にある。先述のような、一般の人たちの花粉症対策品種に対する反応を見ると、一見林業にとって逆風に見える花粉症だが、社会的な要請を追い風に、スギ林の健全化に一役買えるのではないか、という期待を感じる。

●文　献

1）福田陽子ほか：「関東育種基本区で選抜された『花粉の少ないスギ』

品種の 2005 年春の雄花着花状況」、第 57 回日本林学会関東支部大会論文集、pp. 151−153 (2008)
2) 高橋　誠ほか：「無花粉スギ『爽春』の特性と雄性不稔スギを取り入れた今後の育種展開」、林木の育種 216 号、pp. 55−58 (2005)
3) 信太隆夫・奥田　稔編：『図説　スギ花粉症』、金原出版 (1991)
4) 平　英彰：『日本人はスギ花粉症を克服できるか』、新潟日報事業社 (2005)

（福田陽子）

4章　キシログルカンと組換えポプラ

1. 細胞壁が植物の成長をコントロールしている

日立市の林木育種センターで組換えポプラの野外試験を始めることができるようになった。いろいろな分野の研究者が、この野外試験に参画し、楽しく研究を進めている。私は樹木の育種をやろうと思い立って組換えポプラの研究を始めたわけではない。もともとモヤシの胚軸やダイズの培養細胞を実験材料にして細胞壁の研究をやってきた。草本植物を扱っているうちに、樹木に辿りついたという感じである。

植物は*独立栄養生物である。独立栄養というのは、水と光と無機物(窒素、リン酸、カリウムなど)だけで成長できる生物のことを指す。ヒトをはじめとする動物・微生物は、この植物を食べることによって生きている。従って、植物の細胞壁は、地球上で最も大量に存在する有機化合物である。木材や食糧など、様々なものに利用されているが、役に立つもの、役に立たないもの、全てを合わせてバイオマスと呼んでいる。元来、樹木は材料や燃料として用いられてきた。今日、樹木に求められているものは、材料としての普遍性と化石燃料に代わるエネルギー資源性である。

英国の昔話「ジャックと豆の木」が、私の研究のモチベーションになっているのかもしれない。ジャックが牛と交換して得た種子を庭に蒔くと、一夜にして天に届き、その木を登って天を探検する。実際、植物は夜に大きくなる。植物は、昼間に炭素固定でグルコースを合成しておいて、夜の成長にそれを使っている。モヤシは1日に2 cm 伸長する。竹は1日に1 m 以上伸びることができる。そんな植物の成長メカニズムを知りたいといった夢があったのかも知れない。

キュウリを縦に切って水の中に漬ける。しばらくすると、切った部分が水を吸って反り返る。これが植物細胞の成長である。細胞が水を吸って大きくなることが基本的な成長のしくみである。植物細胞の成長は、細胞の持っている浸透圧*によって外部から水を得て細胞容積を大きくすることにある。ただし、固い細胞壁が吸水をコントロールしている。細胞壁がゆるめば、壁圧が減少し、水が細胞の中に入っていく。この現象を吸水力と言い、浸透圧と壁圧の差で示される。

吸水力　＝　浸透圧　－　壁圧

細胞壁のゆるみに伴う細胞伸長は常にキシログルカンの分解と可溶化を伴って生じている。植物の成長は、細胞壁キシログルカンの分解から始まる。

エンドウ上胚軸切片を、オーキシンを含む溶液に浸すと切片は伸長するが、15 分以内にキシログルカンの分解・可溶化が生じる。この効果は、米国のラバビッチ(John M. Labavitch)とレイ(Peter M. Ray)が、1974 年に発見した。彼らは、「Turnover of cell wall polysaccharides」というタイトルで論文を発表した[1]。一方、キシログルカンに対する抗体を組織切片に与えると、キシログルカンの低分子化が阻害され、細胞伸長も抑えられることが報告されている。キシログルカンの分解・可溶化に関与している酵素タンパク質としては、キシログル

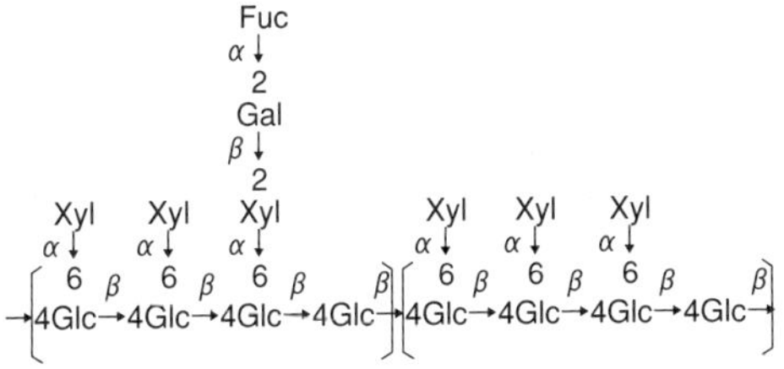

図 4-1　キシログルカンの化学構造[3]
Xyl, キシロース；Glc, グルコース；Gal, ガラクトース；Fuc, フコース

カンとセルロースの水素結合をゆるめるエクスパンシン、キシログルカンを分解するキシログルカナーゼ、キシログルカンエンドトランスグルコシラーゼ、さらにセルロースを分解するセルラーゼの4つが考えられている。

2. キシログルカンに魅せられて

若いとき、キシログルカンという糖鎖に興味を持った。米国のアルバーシェイム(Peter Albersheim[2])らのグループが1973年にカエデの細胞壁から発見した。複雑な化学構造でありながら、規則正しいユニット構造を維持している。キシログルカンの化学構造式を **図 4-1** に示す。キシログルカンは、伸長・肥大している植物の細胞壁(一次壁)に普遍的に存在する構成糖鎖である。最近、樹木の木部などの肥厚している細胞壁(二次壁)にも存在することが分かってきた。キシログルカンの化学構造は、1,4-β-グルカン主鎖のグルコース残基にキシロースがα(1→6)で結合したものである。植物種による特異性は、そのキシロース残基にガラクトースまたはフコシル-ガラクトースが結合することによって生じる。フコシルガラクトースは、ヒトの血液型O型決定部位と同じ化学構造である。私の先輩に、この部位をめぐって主張される方がいた。現在の弘前大学の加藤陽治さんである。加藤さんの説によると、植物細胞壁中には、これに結合する特異的なレクチン(糖鎖構造に特異的に結合するタンパク質)があるはずで、その相互作用が植物成長のナゾを解くというものである。当時、オーバードクターで苦労されながら、若い学生・院生を集めては熱っぽく話されていた。話の仕方が上手かったせいもあるが、それで人生が変わった者は、私を含めて10名を越えるのではないだろうか。それから30年経つが、残念ながらそのレクチンの存在は認められていない。後に、私はウナギの血清から調製したフコース結合レクチン、ヒマ(*Ricinus communis*)から調製したガラクトース結合レクチン(別名リシン)、ともにキシログルカンに結合することを証明した。ただし、これら2つのレクチンは、ヒトには猛毒である。ヒトは、植物を摂取することによって、有毒なレクチンを無毒化しているのかもしれない。

骨格であるグルカン主鎖には、キシロースが結合している。グルコース4つにキシロースが3つと規則的な並びである。キシロースが結合することよって、この高分子糖鎖は水に溶ける。グルコースがキシロースで修飾されることにより、互いに結合しないために繊維を形成しない。骨格は、セルロースと同じ1,4-β-グルカンであるためにセルロースと水素結合によって特異的に結びつくことができる。キシログルカンは水に溶けるが、セルロースは水に溶けない。試験管の中で合わせると、キシログルカンはセルロースに結合して不溶性になってしまう。この性質を利用して、植物の細胞壁中では、キシログルカンとセルロースのネットワークが形成さ

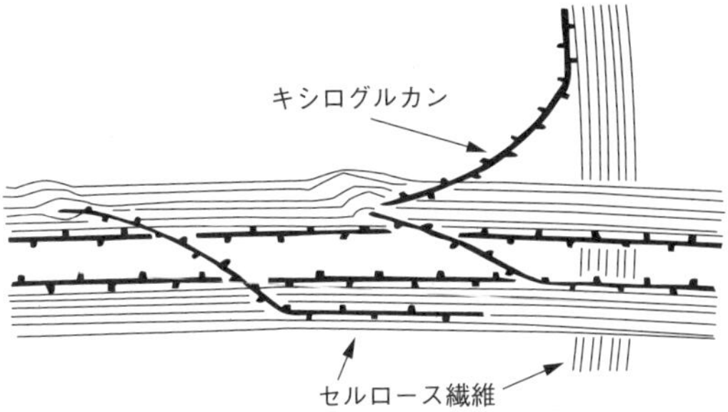

図 4-2　キシログルカンとセルロース繊維の結合[3)]

れている（図 4-2）。グルカンの骨格の中で、キシロースが結合していないグルコースが 4 つに 1 つ存在する。ここの部分は分解やつなぎ換えの反応に必須の部位である。

3. 細胞壁をゆるめる遺伝子

植物細胞壁は、セルロース繊維が骨格になっている。それにキシログルカンが結合し、繊維を架橋しているというのが私の説である。キシログルカンの架橋がゆるむと、骨格であるセルロース繊維もゆるむ。このしくみは、「細胞壁のゆるみ」→「細胞の肥大・伸長」といった成長メカニズムを説明する。全ての植物に共通するシステムである。

モントリオールにあるマギル大学のマクラケラン（Gordon A. Maclachlan）らのグループが、オーキシンによってセルラーゼが誘導されることを遺伝子レベルで初めて 1975 年に証明した[4)]。私はそこに行ってキシログルカンの分解に関する研究を行った。セルラーゼは、セルロースを分解せずに、キシログルカンを分解した。その結果、オーキシンの作用はキシログルカンを分解して細胞壁にゆるみを与えると考えた。後に、このセルラーゼはキシログルカナーゼと改名された。

私は、帰国後改めてこのキシログルカナーゼを精製した。そしてN末端アミノ酸配列を20個解読した。次に、このキシログルカナーゼの遺伝子のクローニングに着手した。しかしながら、未だにその遺伝子のクローニングには成功していない。そんな中で、1999年に米国のポーリー(Markus Pauly)らが麹菌からキシログルカナーゼ遺伝子のクローニングに成功したことを発表した[5)]。そこで私たちは、日本の麹菌からキシログルカナーゼ遺伝子のクローニングを行った。数個のアイソザイム遺伝子がクローニングされたので、私たちは米国のものとは異なる遺伝子を用いることにした。

4. 組換えポプラの誕生

私たちは、麹菌からクローニングしたキシログルカナーゼ遺伝子をモデル植物アラビドプシスと樹木ポプラで過剰発現させてみた。アラビドプシスは、何度やっても形質転換体はとれなかった。ポプラでは、効率は極めて低いが、形質転換体を得ることができた。後に、国際学会でポーリー(Markus Pauly)から苦労話を聞く機会があった。彼は、最初から最後まで、アラビドプシスの形質転換体を得ることに執着した。何度やっても形質転換体が得られないので、あるときプロモーターを誘導性のものに変えてみた。この組換えアラビドプシスは、野生株のものと同じように成長した。ある程度大きくなったところで、キシログルカナーゼを誘導させた。その途端、植物組織が溶けるように萎えて死んでしまった。それを見て、彼はノーモアと決めたそうである。

キシログルカナーゼを過剰発現する組換えポプラは、2004

図 4-3　野生株ポプラ(左)とキシログルカナーゼを過剰発現する組換え体(右) [6]
鉢の高さは 10 cm

年に発表した。野生株のポプラに比べて２～３倍の速さで成長した。葉のサイズは小さく厚く、緑色が濃くなって陽葉*の表現型を示した。光合成能力が高いことも示された。成長が早くなると、バイオマスの密度が低下すると考えられるが、逆に比重が高くなり、セルロース含量が増大した[6]。以上は、培養室で得られた結果である。これをグリーンハウス(網室)内で栽培すると、成長のレベルが野生株と変わらなくなった。木部のセルロース含量は高かったので、「高セルロース含量ギンドロ」(ギンドロは用いた品種の和名)と命名して野外試験に入った(**図 4-3**)。日立市の林木育種センターの隔離圃場で野外試験は 2007 年 3 月 22 日から 2010 年 12 月まで行われる。

5．組換え樹木の海外展開

私たちは、ポプラで組換え体の作出に成功した後、ユーカリ、アカシア、イネで、キシログルカナーゼ遺伝子の過剰発

図 4-4　野生株ユーカリ(左)とキシログルカナーゼを過剰発現する組換え体(右)。鉢の直径は 14 cm

現を試みた。現在、ファルカタにも導入中である。ユーカリについては、イスラエル・ヘブライ大学のショセヨブ(Oded Shoseyov)が頑張ってくれた。組換えポプラと同じで、キシログルカナーゼを過剰に発現するようになると、葉が小さく厚くなる。いわゆる、陽葉の表現型を示す(**図 4-4**)。

熱帯早生樹ファルカタは、世界で一番成長の早い樹木である。桐に似た材質で、用材に多く用いられている。ファルカタは、マメ科の樹木であるため、根粒菌(*Rhizobium* 属)と共生して空気中の窒素(N_2)を固定することが出来る。更に、菌根菌と共生してリンも獲得できる。チッソとリンの肥料を必要としないメリットは大きい。そこで、ファルカタの組換え体を作出することになった。キシログルカナーゼの発現は困難を極めたが、ポプラのセルラーゼについては過剰発現させることに成功した。インドネシア科学院のハルタチ(Sri Hartati)

図 4-5　野生株ファルカタ(左)とセルラーゼを過剰発現する組換え体(右)[7]
鉢の高さは 14 cm

が低い形質転換効率にもかかわらず、実験を頑張った(**図 4-5**)。セルラーゼはキシログルカンを直接分解できないが、セルロース繊維の非結晶部位をトリミングして部分的にキシログルカンを外すことができる。その結果、組換えファルカタは野生株よりも成長が早くなった。すなわち、私たちは、地球上で最も成長の早い樹木を創り出したことになる[7]。

組換え植物の野外試験は、我が国では約 60 数例ある。世界中の野外試験の 99 % は、除草剤耐性、昆虫致死タンパク BT トキシンの発現である。これは、一つの遺伝子の発現が、その生物の生死を決める、分かりやすい発現である。

中国では、河北農業大学のグループによって遺伝子組換えポプラのライセンスが 2003 年に発効となった。野外試験は、1996 ～ 1999 年に河北農業大学で 100 本程度行った後、1999 ～ 2001 年に中国全土 10 カ所でそれぞれ 1,000 本程度実施した。白楊ポプラ(学名： *Populus tomentosa* Carr. 和名： オニドロノキ)の雄の不稔株をホストとし、35 S プロモーターのもとBTトキシン（*Bacillus thuringlensis*由来の殺虫タンパク）を構成発現させたものである。中国の遺伝子組換え林木は、危険度に応じて1から4までのレベルに分けられているが、BTトキシンを構成発現するポプラは危険度が最も低いレベル1に認定されている。従って、野性株のポプラや他の植物と何ら区別せずに植林されている。組換えポプラの用途は、紙パルプ生産や防風・砂漠抑止林として、その他家具や工事用丸太、板材等にも考えられている。すなわち、利用面においても、野生株ポプラとは全く差別化されていない。中国の遺伝子組換えの研究は、現場で必要とされる応用研究をやっていく中で、着実に進んでいる。

6．虚学と実学

我が国は、米国に次いで遺伝子組換え植物の研究実績が多い遺伝子先進国である。これまでにも様々な有用遺伝子がクローニングされ、有用な形質を示す組換え植物が学会や新聞で発表されている。新しい技術に敏感な若い学生は、農林業に役立てようと大学に入学する。そんな学生が植物遺伝子工学を学び、大学院生くらいになると、組換え植物の野外試験を尋ねることがある。そんな時たいていの大学教員は顔色が変わり、温室や網室での育成を見れば十分です、と自分に言い聞かせるように諭す。野外試験に費やす労力が大きい割に、論文が書けない。研究費も取れない。論文を書くには、培養室で得られるデータで十分だからだ。「学問栄えて産業滅ぶ」が日本の現状である。野外の環境の厳しさに植物が負けてしまうことを考えたり、組換え反対派の突き上げを怖れたり、自信が無いこともある。わが国の植物遺伝子工学の研究は、直接打撃することなく、寸止めで格闘技をしているようなものである。極真空手の大山倍達は、寸止め空手の組手試合(二人で相対して行う試合)を「空手ダンス」と批判した。さながら「組換えダンス」といったところだろうか。実践(実戦)のない研究は虚学である。

組換え植物の形質を閉鎖された実験室・培養室の中で確認する。次にこれを野外の土に植え、乾燥、豪雨、強風、高温低温、病虫害と、様々なストレスにさらしてみる。有用な形質が見られる場合、農業や産業に利用できる。有用な形質が見られなくとも、その実践をやってこそ、いずれ実学になる。実学は、実践の積み重ねの上にあるのだ。ただ歩めば到る。

●文　献

1) Labavitch J. M. and Ray P. M.：“Turnover of cell wall polysaccharides in elongating pea stem segments”, *Plant Physiol.* 53, pp. 669−673 (1974)

2) Alebersheim P.：“The primary cell wall” In *Plant Biochemistry*, J. Bonner, J. E. Varner eds, Academic Press, NY, pp. 225−274 (1976)

3) Hayashi T.：“Xyloglucans in the primary cell wall”, *Ann. Rev. Plant Physiol. Plant Mol. Biol.* 40, pp. 139−168 (1989)

4) Verma D. P. S. *et al.*：“Regulation and in vitro translation of messenger ribonucleic acid for cellulase from auxintreated pea epicotyls”, *J. Biol. Chem.* 250, pp. 1019−1026 (1975)

5) Pauly M. *et al.*：“A xyloglucan-specific endo−β−1,4−glucanase from *Aspergillus aculeatus*: expression cloning in yeast, purification and characterization of the recombinant enzyme”, *Glycobiology* 9, pp. 93−100 (1999)

6) Park Y. W. *et al.*：“Enhancement of growth and cellulose accumulation by overexpression of xyloglucanase in poplar”, *FEBS Lett.* 564, pp. 183−187 (2004)

7) Hartati S. *et al.*：“Overexpression of poplar cellulase accelerates growth and disturbs the closing movements of leaves in sengon”, *Plant Physiol.* 147, pp. 552–561 (2008)

（林　隆久）

５章　樹木の成長と形態調節

森は豊かな生物の源であるだけでなく、二酸化炭素を吸収することで地球環境をも守っている大切な存在である[1)]。大切な森林も実は人間にとって経済的価値がなければ守り通すことができない。地球上で最も森林が豊富な熱帯地域では、貧困が原因となって違法な焼き畑や盗伐がおこなわれ、森林が失われているからである。森林から利用価値の高い生産物が得られ、産業として根付くならば、ヒトは自然と森林を維持したくなるはずである[2)]。

バイオテクノロジーを用いて森をとりもどすためには、森の主役である樹木とは何か、どんな生き物なのか、そして木材とは何か、をより詳しく知る必要がある。「知る」ということは、将来もずっと、「さらにより良い樹木・より良い木材とは何か、より良い森林維持と生産はどうすれば良いか」というアイディアを生み出すための源となる。

１．木材とは何か

私たちが木材として使って馴染んでいる部分は樹木の「木部(もくぶ)」と呼ばれる器官である。樹木という生き物からすれば自分の体を支え、かつ、土から葉まで水を運ぶ役割をしている部分だ。木部の持つ２つの役割は、体を支える役割を「支持機能」、水を運ぶ役割を「通道機能」と言う。針葉樹では、２つ

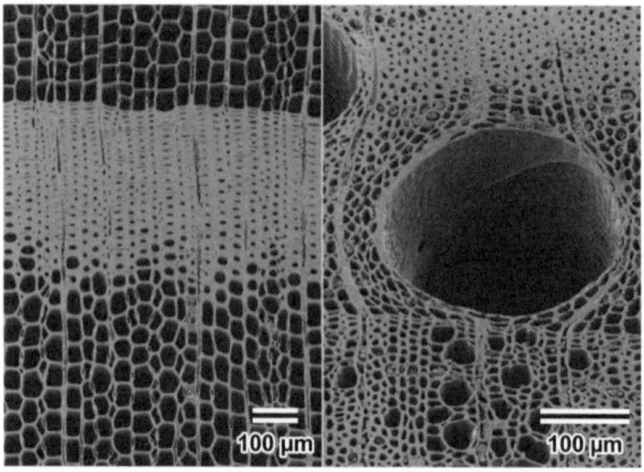

図 5-1　木材を顕微鏡で見たら、細胞壁でできた管の集まりであることがわかる（走査電子顕微鏡写真）

針葉樹（カラマツ：左）は、どの細胞も同じぐらいの大きさで（特に横方向の直径）、細胞壁の厚さには差がある、ほとんど仮道管でできている。広葉樹（ミズナラ：右）では、大きな管と中ぐらい管、小さい管が見える。小さい管が木繊維で、他のは道管。（北海道大学 佐野雄三氏提供）

の役割を仮道管という 1 種類の細胞が受け持っているが、広葉樹では、役割分担をしていることが多く、木繊維が支持機能を、道管が通道機能を担っている（**図 5-1**）。*木部の細胞は、木部（木材）と*師部（樹皮）の間にある*形成層という分裂組織から生まれる（**図 5-2**）。生まれた時は同じ形をしているが、その後それぞれの細胞は形を変化させ、役割に適した形が決まってから、その後の役割を担うことになる[3]。木部の細胞の多くは、役割を果たせるようになった時、ぬけ殻のような細胞壁だけになってしまう（**図 5-1**）。つまり、私たちが木材として利用している部分は、細胞壁のかたまりのようなものであるということだ。木部の細胞は、だいたい幹の方向に長い筒のような形をしていて、両端をつまんだストローのような形をしている。大きさは木繊維で直径が 1 ミリの 100 分の 1

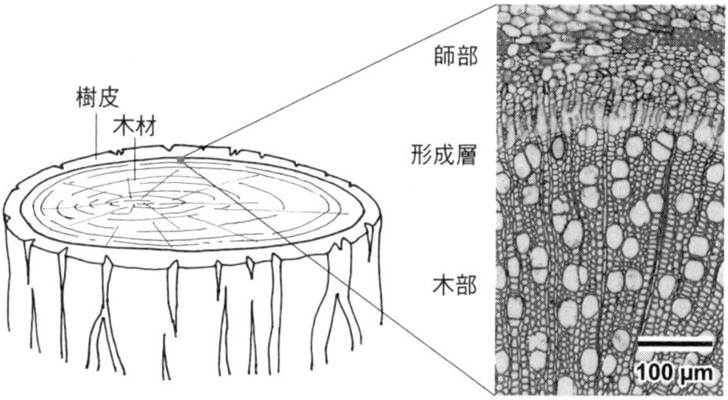

図 5-2　木材の作られる場所

木材は、木材と樹皮の間にある形成層と呼ばれる分裂組織で生まれた細胞が幹の内側に積み重なって作られる。年輪を重ねながら、形成層は、新しくできた木材に押し出されるように外へと移動し、直径を増していく。

から50分の1ぐらい、長さが1ミリの3分の1から1ミリぐらい、仮道管だと直径が1ミリの50分の1から20分の1ぐらい、長さが2ミリから3ミリぐらいと、細胞の種類によってずいぶん違うが、そのぐらい小さなストローが無数に束ねられたかたまりが木材だと思ってもらえると良いだろう。かたちとしては、そういったイメージだ。ストローの筒に相当する細胞壁をかたちづくっている成分は、主としてセルロース、ヘミセルロース、リグニンの3つである。木材の細胞壁を鉄筋コンクリートにたとえるならば、セルロースが鉄筋、リグニンがコンクリート、ヘミセルロースは鉄筋同士を結わえたりコンクリートとのなじみをよくするための針金に相当するとも言えるだろう[4)]。セルロースは繊維性、ヘミセルロースは糊のような感じで、リグニンはプラスチックのようだとも言えるだろう。こういったそれぞれ性質の異なる物質が組み合わさって軽くて丈夫な木材をかたちづくっている。

2. 樹木の成長と姿勢制御

私たちヒトは、成長するときにからだ全体が伸びる。それは、それぞれの骨の先端に成長する部分があるからで、植物にたとえると竹の伸び方とちょっと似ている。タケノコとタケを見比べて、全ての節の間隔が成長する時に長くなるのは想像しやすいだろう。樹木はヒトや竹とは違い、枝や幹の先端だけが伸びていく(**図5-3**)。伸びるのを終えた部分で内側に厚い木部をつくり始める。先端では頂端分裂組織で細胞が生まれ、生まれた細胞はその直下で伸び始める。伸びて大きくなることを「伸長成長」という。伸長成長しているところでは1つ1つの細胞が大きくなり、その伸びの総和が伸長成長として観察される。一方、木部の細胞は、木部(木材)と師部(樹皮)の間にある形成層という分裂組織から生まれる。その後それぞれの細胞は役割に適した形に変化する。木部の細胞が形を変化させる時には細胞と細胞の隙間に先端が伸びていくから、幹の長さは変わらない。木部の細胞の多くは、役割を果たせるようになる最終段階で原形質を失い、細胞壁だけになってしまう。幹の内側に木部を蓄積しながら(年輪を重ねながら)直径を大きくしていくのを「肥大成長」という[3, 5]。

樹木を含む高等植物は、光や重力に反応して、明るい方へ、高い方へと伸びるよう常に姿勢を制御している。植物の姿勢制御は主に曲がる(屈曲する)ことで行われる。伸長成長している部分では、曲がりたい外側の細胞がより伸びて、内側の細胞があまり伸びないことによって芽の向きを変える。この応答は非常に早く、光や重力の環境条件が変わってから24時間以内に次の方向が安定して決まる。樹木は、木部を形

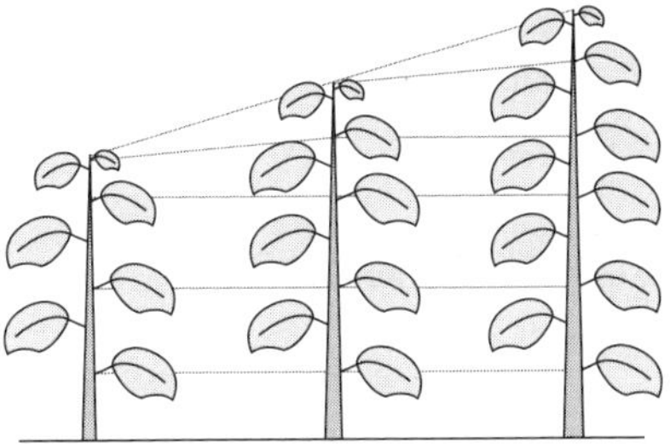

図 5-3　樹木は先端だけが伸びて成長する
針葉樹も広葉樹も、先端だけが伸びる成長をする。どんどん背の高くなっていく木でも、下の方の葉や枝の位置を比べると、いつも幹の同じ場所にあることからわかる。

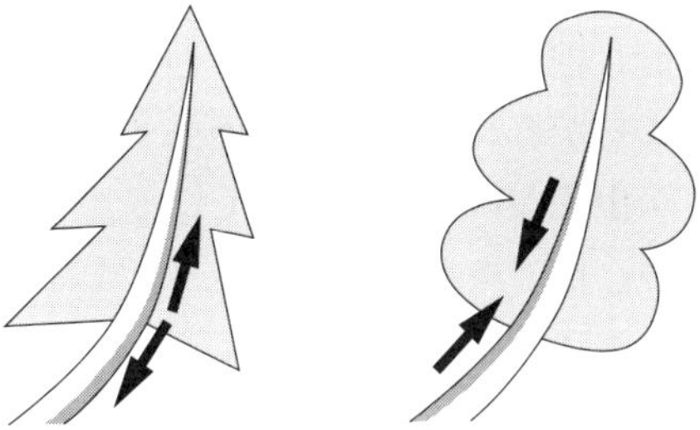

図 5-4　針葉樹と広葉樹は形態を調節するための曲がるシステムが違う
針葉樹と広葉樹は正反対の方法で幹を曲げて姿勢を制御している。針葉樹は「伸びる木材(圧縮あて材)」、広葉樹は「縮む木材(引張あて材)」をつくる。

成して肥大成長をしている部分でも「あて材」という特殊な木部を形成することで屈曲することができる(**図 5-4**)。曲がる方法は*針葉樹と*広葉樹で異なり、針葉樹は曲がりたい外側に「圧縮(あっしゅく)あて材」という普通の木材より伸びたがる木材ができることで曲がる。一方の広葉樹では正反対で、曲がりたい内側に「引張(ひっぱり)あて材」という縮みたがる木材ができる。それぞれ成分も普通の木材とは変化して、圧縮あて材ではセルロースが減りリグニンが増える。引張あて材ではセルロースが増えてリグニンが減り、典型的にはリグニンを全く含まないG層と呼ばれる特殊な層が細胞壁にできる[5)]。

3．ヘミセルロースの役割と分子育種

細胞はそれぞれ細胞壁に包まれているが、先端で伸長成長している部分や木部細胞の形が変化していく部分では、細胞壁のゆるみが調整されている。細胞壁のゆるんだところで細胞がより水を吸い込んで伸びたり膨らんだりすることになる。この部分の細胞壁にはリグニンが無く、セルロースの間をつないでいるヘミセルロースが切れたり、つなぎ替えられたりすることで、細胞壁のゆるみや堅さが調整されている。また、引張あて材が普通の木材より縮もうとする性質にもヘミセルロースが重要な役割を果たしていると考えられる。ヘミセルロースの一種であるキシログルカンを分解する酵素を遺伝子組換えでポプラに導入してやると、細胞壁が良くゆるんで伸長成長が大きくなった[6)]。その一方で、セルロースもたくさんつくられるようになって、より重さもある木材が作られた。木材の場合、成長が良いと軽くなるというジレンマがあったが、この遺伝子組換えポプラは、成長が良く、しかも重い木材が生産された。ただ、引張あて材を形成して姿勢制御する能力が若干弱くなっている[7)]。庭木に良く使われるシダレ品種も、小さい時には育てるのが大変だが、それでもある程度の大きさになれば樹幹も安定して支柱をする必要も無くなる。この遺伝子組換えポプラの場合、支柱が必ず必要なシダレ種ほど姿勢制御の能力が劣ることはないので植林して大きく育てるなら、あまり問題にはならないだろう。

樹木は、私たち人間よりもライフサイクルが長くて、品種改良する手段が今まであまりにも限られていた。遺伝子組換えの技術は、樹木の品種改良をするために非常に適した技術だと言えるだろう。もちろん、安全性をしっかりチェックしてから実用化していくことが前提である。

●文　献

1）桑原正章編：『もくざいと環境』、海青社（1994）
2）林　隆久編：『森をとりもどすために』、海青社（2008）
3）島地　謙ほか：『木材の組織』、森北出版（1976）
4）京都大学木質科学研究所編：『木のひみつ』、東京書籍（1994）
5）福島和彦ほか編：『木質の形成』、海青社（2003）
6）Park Y. W. *et al.*："Enhancement of growth and cellulose accumulation by overexpression of xyloglucanase in poplar", *FEBS letters* 564, pp. 183–187 (2004)
7）Baba K. *et al.*："Xyloglucan for generating tensile stress to bend tree stem", *Mol. Plant* 2(5), pp. 893–903 (2009)

（馬場啓一）

6章　リグニン改変のバイオテクノロジー

1. ポスト化石資源としての木質バイオマス

地球温暖化現象、人口増加による食料問題や資源・エネルギーなどの問題はますます深刻化してきている。地球はひとつの大きな閉鎖系であるから、人類が地球における自然物質循環系と調和することがこれらの問題の解決策といえる。いいかえれば、化石資源依存型の現在のシステムを、再生産可能でかつ自然界で物質循環出来るような資源・エネルギーに大きく依存するようなシステムに変更していく必要がある。再生産可能で物質循環出来る資源として*バイオマスが見直され、そして地球上バイオマスの約９割を占める最大のバイオマス資源として樹木の有効利用に注目が集まっている。樹木は大気中の二酸化炭素を固定化し樹体に蓄積する。これらのバイオマスから生産した燃料・エネルギーの消費により排出された二酸化炭素は空気中の炭酸ガス濃度向上に寄与しない「カーボンニュートラル」として位置づけられている。そのため、欧米各国で、バイオマスの利用を将来大幅に増大させる、いわゆる「*バイオリファイナリー」を実現するための数々の技術開発が行われている。

木は森林に生えているときには「樹木」と呼ばれるが、伐採され資源として利用されるときには「木質」という言葉がよく使われる。そこで、トウモロコシやイモ類などの農作物を起源とするバイオマス資源と樹木を起源とするバイオマス資源を区別するために、後者には「木質バイオマス」という言葉がよく使われる。「木質バイオマス」は地球上バイオマスのおよそ９割という圧倒的大多数を占めている。また、農作物の様に毎年畑を耕し、作付け、施肥、除草・防虫作業などの大規模な労働とエネルギーの投入も必要がないので、木質バイオマスは再生産可能なバイオマス資源としてまさしく理想的な資源と言えるだろう。つまり、木質バイオマスを原料とする「バイオリファイナリー」技術は地球温暖化防止と化石燃料の枯渇という問題に対する解決策として我々に絶対必要な技術であると言えよう。

さて、木質バイオマスとは具体的にどのようなものを指すのかと言うと、“樹木あるいは木本性植物の全部またはその一部から得られる生物資源”で、間伐や枝打ちの際に出てくる*枝条、梢端、葉などの林地残材のほか、製材工場などの残廃材(製材端材、おがくず)や産業廃棄物とされる建築廃材・解体材なども木質バイオマスに含まれる(現代林業電子辞典から抜粋、一部修正)。

木質バイオマスは*多糖類であるセルロース、ヘミセルロースと芳香属高分子のリグニンから構成されている。これら3つの成分は細胞壁を構成する主要成分であり、おおよその構成比率はセルロース50％、ヘミセルロース20％、そしてリグニンは30％である。現在、早期実現化が注目されているのは、化学プロセスやバイオプロセスを用いて木質バイオマス由来の多糖類(セルロースとヘミセルロース)から燃料や化学原料を製造する技術である。化学プロセス、バイオプロセスのどちらを採用するにしても、木質バイオマスを有効利用す

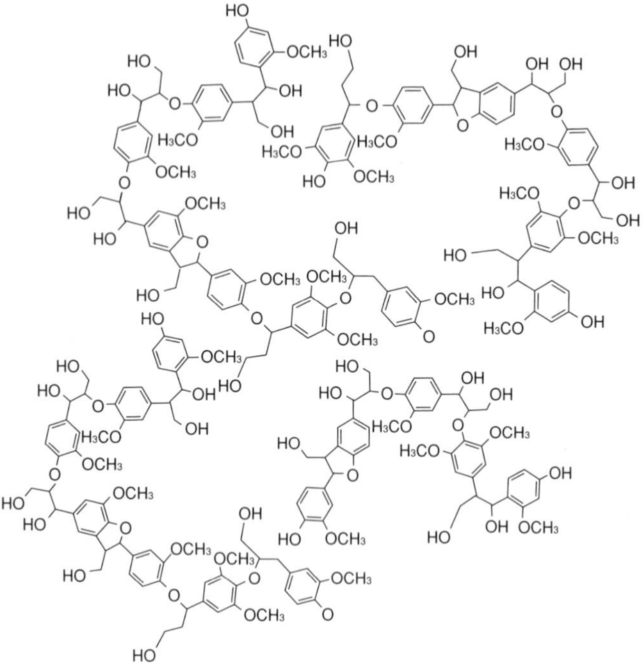

図 6-1　リグニン化学構造の模式図

るために必要なプロセスは(1)多糖類であるセルロース・ヘミセルロースから環境への負荷が少なく、コスト的にも見合う様な糖類製造(糖化)技術と(2)木質バイオマス由来の糖類から高効率で燃料・化学原料等の有用物質生産を行うための物質変換技術である。最初のプロセスである、木質バイオマスから糖類を製造する際に障害となっているのがリグニンである。リグニンは **図 6-1** に示してあるような芳香族高分子化合物であり、木質バイオマスの多糖類を糖化する際には除去しなければならない。しかしながら、リグニンは網目状の結合を持ちセルロース繊維やヘミセルロース繊維の間に充填されて糊の様な役割を果たしていることから、これを除去するのは容易なことではない。現在、硫酸処理による多糖類の酸加水分解法が検討されているが、強い酸を用いるための設備や酸の回収設備にかかるコスト、ならびに副産物の有効利用法がないためこれらの廃棄による環境への負荷が問題点として挙げられる。一方、バイオプロセスによるリグニンの分解・除去法として、*白色腐朽菌が産生するリグニン分解酵素を用いる方法が考えられるが、リグニン除去率が低いことや酵素生産のコストなど問題点が多く、リグニンを分解・除去するバイオプロセスの確立はまだまだ現実的レベルには達していない。従って、いかに低コストで効率よく、また環境負荷を小さくリグニンを分解・除去できるかは、木質バイオマスの利用に向けて重要なポイントとなる。

2. 木質バイオマスの循環型エネルギー利用とバイオテクノロジー

ここまでで木質バイオマスが次期の循環型エネルギー源として大きな可能性を持っていることが分かって頂けたと思う。木質バイオマスを循環型エネルギーとして利用するためには、木質バイオマスをエネルギーまで変換するプロセスや技術を確立するほかに、原料である木質バイオマスを高効率で産生し必要量を安定に供給することも重要課題となる。すなわち、人類が循環型エネルギーとしての木質バイオマスに大きく依存するためには、二酸化炭素を吸収し、十分量の木質バイオマスを供給してくれる豊かな森が必要なのである。

木質バイオマスの増産を行うためのバイオテクノロジー戦

略として、成長の早い樹木を作出すること、および環境ストレスに耐性を有する樹木を作出することが考えられる。前者の成果としては、より短期間で木質バイオマスを得ることができ、後者の成果によって、樹木の成長が非常に遅かった(または成長できなかった)乾燥地や塩害地、寒冷地でも木質バイオマスの生産が可能になる。木質バイオマスの増産は言うまでもなく二酸化炭素の減少と地球温暖化防止につながる。樹木の成長や環境応答に関わる多数の酵素・遺伝子の働きを正しく知り、バイオテクノロジー技術を駆使してそれらを制御することによって、耐乾燥性や耐塩性、耐寒性、耐病性を持つ樹木および、高い成長速度を持つ、いわゆる“スーパー樹木”の作出が目標になる。一方で、木質バイオマスをエネルギーとして利用する際にリグニンの除去が課題になることを先ほど説明した。木質バイオマスを循環型エネルギーとして利用するためには、樹木中のリグニンをバイオテクノロジー戦略の対象として挙げなければならない。具体的には、リグニンの少ない樹木の作出や、壊れやすいリグニンを作る樹木の作出といったことがあげられる。

3. リグニンとはどんなもの？

樹幹を水平方向に切断(輪切り)した場合、中心部に髄がありその外側に二次木部がある。二次木部は樹幹の大部分を占めている。二次木部の外側に薄い維管束形成層(形成層)があり、外側に向かって二次師部、周皮と続いている。二次木部はいわゆる木材部であり、厚い細胞壁を持った細胞の集合体である(**図 6-2**)。二次木部の細胞の大部分はすでに死んだ細胞で細部壁だけが残っている。細胞壁はセルロースとヘミセ

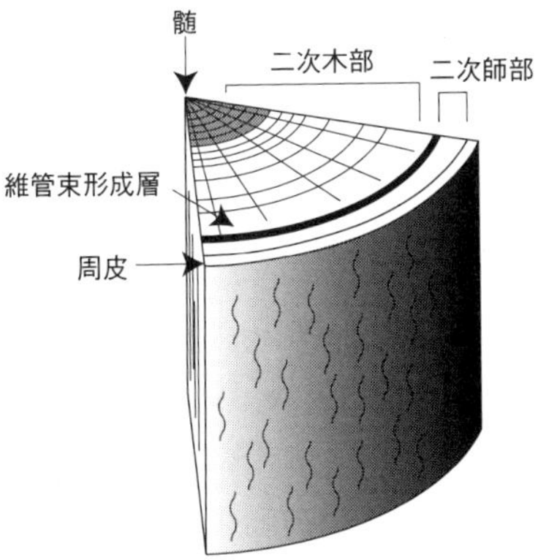

図 6-2　樹木の断面図

ルロースおよびリグニンから構成されているが、リグニンはセルロース同士の接着と、細胞同士を接着する役割を担っている。植物の細胞壁はよく鉄筋コンクリートに例えられる。鉄筋はセルロースで、コンクリートに相当するのがリグニンである。

リグニンはこの他にも植物にはなくてはならない重要な機能を持っている。植物は水分通導組織を通して水分を運ぶ。細胞壁成分であるセルロースやヘミセルロースは親水性であり、疎水性のリグニンを細胞壁に充填することで細胞壁が水をはじき、水漏れしないようになっている。

もうひとつのリグニンの機能は、微生物や昆虫の対する防御物質として働くことである。微生物や昆虫は細胞壁を分解し、樹体内に進入する。芳香族高分子化合物であるリグニンは多糖類に比べて分解を受けにくいため、樹木にとって有害な生物の進入を防御する物質として働く。このようにリグニンは細胞壁を作り、細胞同士を接着して巨大な樹体を作り、水漏れを防ぐとともに生物侵入のバリアーとして働くのであるから、容易に分解・除去できないことが理解できると思う。

4. 応用を支える基礎研究

木質バイオマスを有効利用するためのバイオテクノロジー戦略としてリグニンの少ない樹木の作出や壊れやすいリグニンを作る樹木の作出を挙げた。そのためには、樹木の中でリグニンが作られる過程(生体内で合成する反応を生合成という)に関わる多数の酵素遺伝子の働きや、リグニンの化学構造と役割を正しく把握した上で、バイオテクノロジー技術を用いた応用へと展開しなければ、期待した成果を得ることができない。

多糖類であるセルロースやヘミセルロースと異なり、リグニンは芳香族化合物からできた高分子物質である。一つの特徴は分子と分子が結合して高分子リグニンになる時に、様々結合の方法を取っていることである。**図6-1**に示したリグニンの構造はあくまでも推定構造で、本当のリグニンの構造は未だにはっきりと分っていないが、分子と分子をつなぐ結合のうち酸素(O)と炭素(C)の結合(エーテル結合と呼ぶ)は炭素(C)と炭素(C)の結合に比べて分解しやすいことが分っている。リグニンを作っている芳香環(ベンゼン骨格)にはシリンギル型とグアイアシル型の2つのタイプがあり(**図6-3**)、シリンギル型は分解しやすいことも分ってきた。

樹木の中のリグニン生合成の研究も近年大きく進展し、その生合成に関わる酵素遺伝子が解明されてきている。リグニンはフェニルアラニンというアミノ酸の一つから最短で8つの過程を通って作られる。シリンギル型のリグニンを生合成

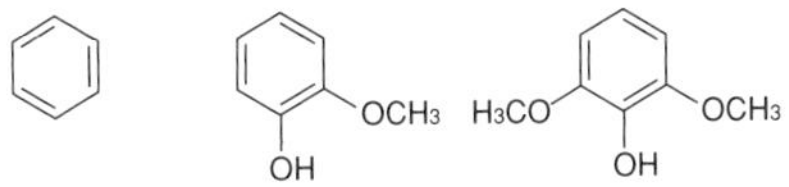

図 6-3　リグニンを構成する基本構造

するには、さらに2つの過程(合計10の過程)が必要である。これらの過程は **図 6-4** に示すように、碁盤の目の様に複雑に交差していることや、多数の経路の中でどの経路が主要に働いているかも最近の研究によって明らかになった。これらの地道な基礎研究の成果に基づき、リグニンを改変するためにバイオテクノロジー技術の応用が試みられている。一つは、リグニン生合成経路で働く単独あるいは複数個の酵素遺伝子の働きを抑制し、樹木が作るリグニン量を少なくなくすること。もう一つは、グアイアシル型からシリンギル型へと変換する酵素遺伝子の働きを強化することにより、分解しやすいシリンギル型リグニンの割合を高くすることである。

5．リグニンの改変を目指したバイオテクノロジー研究

生物は生きるために必要な物質の大部分を自ら体内で合成する。また、エネルギーを得るために体内に取り入れた、あるいは蓄積した物質を分解する。これらの合成反応や分解反応は酵素というタンパク質によって触媒される。フェニルアラニンを出発とするリグニン生合成もたくさんの酵素によって触媒されており(**図 6-4**)、リグニンを改変するためにはこれらの酵素遺伝子を制御する*遺伝子(DNA)組換えが有効な手段となる。樹木の場合、遺伝子組換えを行ってからある程度生育し、組換えの結果(形質)が現れるまでに少なくとも3年

程度の時間を要するので、遺伝子組換えの効果をできるだけ早く確認するために、樹木の代わりに*タバコを用いた研究も数多くある。以降では、リグニンの改変を目指した樹木やタバコのバイオテクノロジー研究例を紹介し、その現状と可能性、問題点を考える。

5.1. リグニン量の減少を目指したバイオテクノロジー研究

リグニン生合成経路(**図 6-4**)を見ると、リグニン量を減少させるには縦方向の反応を触媒する酵素の発現を抑制するのが効果的に見えてくる。生合成過程を順に追って行くと、フェニルアラニンアンモニアリアーゼ(PAL)、ケイヒ酸 4-ヒドロキシラーゼ(C4H)、4-クマル酸 CoA リガーゼ(4CL)、シンナモイル CoA レダクターゼ(CCR)、シンナミルアルコールデヒドロゲナーゼ(CAD)、ペルオキシダーゼ(POX)である。これらの酵素遺伝子の発現を遺伝子組換えにより抑制したりあるいは促進したりすることで、リグニン生合成に関与する酵素活性を減少させ、リグニン量を低減させることに成功している。全体的に認められる傾向として、遺伝子組換えのターゲットにした*酵素活性の減少量が大きければリグニンの減少も大きくなっている。これまでに報告された研究の中で、最も効果的にリグニンの減少が達成できたのはポプラ属の一種であるアスペン(学名；*Populus tremuloides*)の 4CL 活性を抑制させた例だろう。この実験では、遺伝子組換えによって4CL 活性を本来の 10％程度まで抑制することにより、リグニン量を 1/2 近くまで減少させることに成功している。また、タバコを用いた実験例しか報告がないが、リグニン生合成の入り口に当たる PAL を抑制した場合にもリグニン量が大きく減少することが確認された。一方でリグニン生合成の

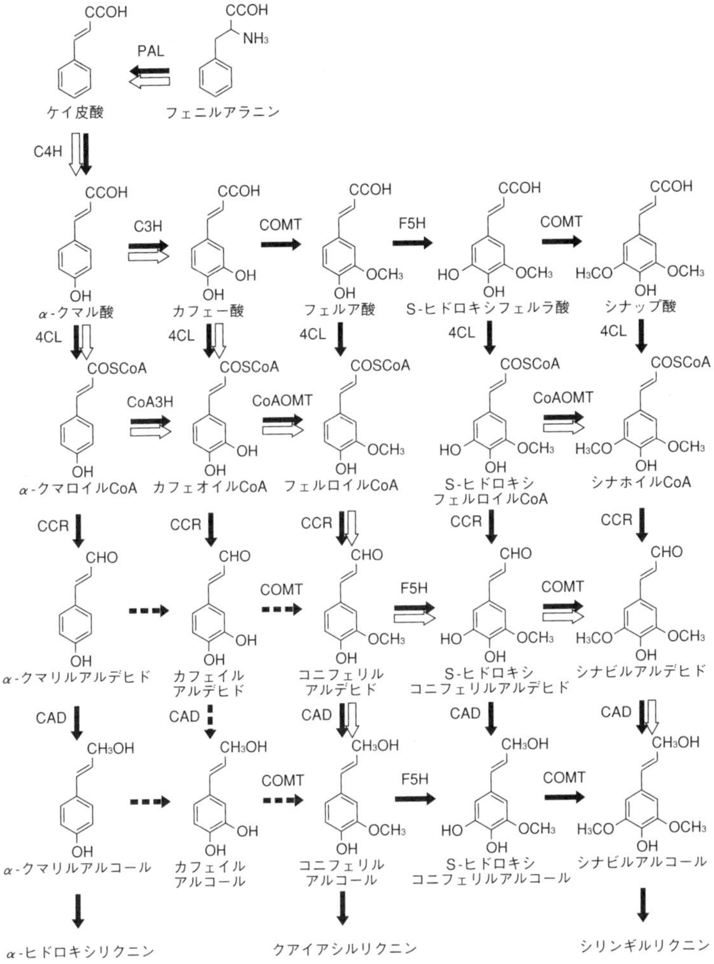

図 6-4　リグニン生合成経路[1)]

酵素活性が確認された部分は実線矢印、不明な部分は点線矢印。白抜き矢印は、現在主要経路と考えられている。

最終過程に近いCADやPOXを大幅に減少させた場合には、あまりリグニン量は減少しないことがポプラやタバコを用いた実験で確認された。このように、発現を調節する遺伝子によってリグニン量に現れる影響は大きく異なるようである。

5.2. リグニンの改質を目指したバイオテクノロジー研究例

樹木にシリンギル型のリグニンを多く作らせれば、リグニンの分解・除去は容易になると考えられる。リグニン生合成ではグアイアシル型リグニンに水酸化(—OHを付ける)とメチル化(—OHを—OCH_3に変換する)することにより、シリンギル型リグニンが生合成される(**図6-4**)。そこで、水酸化を触媒するフェルラ酸5-ヒドロキシラーゼ(F5H)とメチル化を触媒するカフェー酸*O*-メチルトランスフェラーゼ(COMT)あるいはカフェオイル CoA*O*-メチルトランスフェラーゼ(CCoA OMT)の発現を強化することにより、グアイアシル型からシリンギル型への変換を促進することが考えられる。

*交雑ポプラやタバコでF5Hの発現を促進した場合、シリンギル型リグニンの増加が確認された。原因は分らないが、同時にリグニンの量が減少したことも報告されている。また、アスペンのF5Hを過剰に発現させた場合には酵素活性が約2.8倍に増加し、リグニン量は増加することなくリグニン中のシリンギル型の割合が増加したことも報告された。このように、F5Hをターゲットとした遺伝子組換えにより、シリンギル型リグニンの増加は可能になることが分った。

メチル化酵素であるCOMTやCCoAOMTの発現を抑制した実験結果から新しい事実が分ってきた。すなわち、COMTの発現を抑制した場合にはリグニン量は減少しなかったが、シリンギル型の割合は減少した。一方、CCoAOMTの発現を抑制すると、リグニン量は減少し、シリンギル型の割合も減少した。このことからCOMTはシリンギル型リグニン生合成に、またCCoAOMTはグアイアシル型リグニンの生合成に関わることが分かってきた。

他の遺伝子の発現を調節することで、予想しないリグニンの化学的改変が確認されている。例えばシリンギル型からグアイアシル型への変換過程から大きく離れているPALの発現を抑制すると、リグニンが減少するとともにグアイアシル型が減少した。また、C4Hの発現を抑制した場合には逆にシリンギル型リグニンが減少したことが報告されている。このことから、リグニン生合成経路に関わる酵素は相互に影響しあっていると考えられる。

6. リグニンの遺伝子組換えに関わる解決すべき問題

リグニン生合成に関わる酵素遺伝子の発現調節により、リグニン量の減少やリグニンの改質が可能になることが分かってきたが、一方でPAL、C4H、4CL、CCR、POXなどの遺伝子を組換えた植物体の多くは成長速度が遅くなったり、*矮化したりしている。例外的に、アスペン4CLを抑制した場合にはリグニン量が減少したが、植物体の成長速度は増加して、本来よりも大きくなった。この様に、リグニンの生合成が植物体の成長速度や大きさに影響を与える原因を解明することは、木質バイオマスの生産にとって重要なことである。

これまでに説明してきたポプラやタバコは被子植物に属する。被子植物に関しては多くの植物種で遺伝子組換え体の作出技術が確立されてきたが、マツやスギ、ヒノキに代表される裸子植物に関しては遺伝子導入と組換え体の作成技術が確立されたとは言い難い状況である。木質バイオマス生産を目指す上で、早急に解決しなければいけない問題である。

バイオテクノロジー技術を導入してリグニンを改変させた樹木が10年～数十年の年月経て成長を続ける過程で、風雪に耐える十分な強度や病虫害に対する抵抗性を保持できるかを確認することも重要なことである。このように、樹木リグニン改変のためのバイオテクノロジーは多くの未解明の部分や確認を要する問題を残した発展途上の技術と言えるだろう。研究対象は成長期間の長い樹木であり、問題の解決とその確認にも当然時間がかかる。だからこそ我々は木質バイオマスの有効利用を目指した樹木バイオテクノロジー研究や技術開発にいち早く取り組み、力を注ぐべきだと考えている。

●文　献

1）福島和彦ほか編：『木質の形成』、海青社、p. 226 (2003)

（堤　祐司）

7章　樹木の凍らない水

樹木のバイオテクノロジーには、成長が早い、劣悪な環境下でも育つなど、それぞれの目的にあわせた有用な形質を発現する転換樹木を作る試みに加え[1)]、樹木の持つ生き物としての特徴的性質を表現する遺伝子を同定して、バイオテクノロジー技術によりそれらの遺伝子産物を増やして様々な目的に応用するという方法もある。このような取り組みも、樹木の理解を深め、森をよみがえらせるという一つのアプローチとして重要である。この章では、我々がこれまでに行ってきた樹木の寒冷環境適応に関する研究から、樹木の細胞の中には−40 ℃以下の低温でも凍らない細胞があり、その凍らない機構の詳細を明らかにし、凍らない水を産業的に利用しようという研究の経過を紹介する(**図 7-1**)。研究は未だ途中であるが、我々の最終ゴールは、樹木の水が凍らないメカニズムを明らかにし、そのための関連遺伝子を同定し、これら遺伝子を導入した作物などを作り、低温下でも凍らないですくすく育つ植物を作成することを目指している。

1．樹木は凍結抵抗性のチャンピオンである

樹木の特徴は、長年月に渡り生長を続け巨大な樹幹を形成することである。樹木は地球上で最大、最長寿の生き物である。この特性のため、樹木は四季を通じて直接的に環境温度

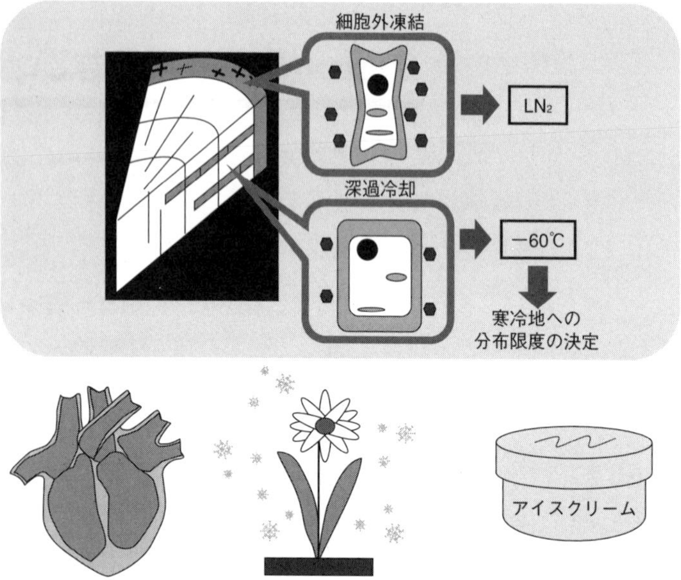

図 7-1　樹木の低温誘導性遺伝子および遺伝子産物の応用例

変化にさらされている。冬になると地上部を枯らして地下部分のみで越冬したり、あるいは雪に覆われることによって寒さの影響を緩和している小型の草本植物とは異なり、冬季の寒さに直接さらされる樹木は、非常に高い凍結に対する抵抗性を発達させている[2)]。特に、寒冷地での冬の環境は過酷であり、シベリアなどでは冬季に気温は−70 ℃付近まで低下することがあるが、樹木はこのような寒さにも耐え、春になると再び成長を続けて長年月をかけて巨大な樹幹を形成する。

樹木を含む植物では、氷点下の温度にさらされると、植物体の死んだ細胞からなる通水組織内や、細胞間隙内に存在する水は−1〜−2℃で容易に凍結する。しかし、生きている細胞の内部の水が凍るいわゆる細胞内凍結が起こると細胞は死んでしまう。このため、細胞外の水が凍っても、生きている細胞内には凍結が起こらない仕組みを発達させて植物は氷点下の温度に適応している。

一般に、ほとんどすべての草本植物の柔*細胞などの生きている細胞は薄い・柔らかい細胞壁で囲まれている。このため、細胞外の水が凍ると、細胞内の水は細胞壁を通って、細胞外の通水組織内あるいは細胞間隙にできた氷に向かって脱水される。この脱水は、水と氷の化学ポテンシャル差による。細胞外凍結による脱水の量は温度が下がるにつれて平衡的に徐々に多くなり、従って、温度低下により細胞は徐々に脱水され濃縮されることにより、細胞内の水が凍る危険が回避される。このような凍結に対する適応機構を細胞外凍結と呼び、生細胞は脱水により細胞壁ごと著しく収縮し、細胞外には大きな氷晶が形成される。細胞外凍結による凍結抵抗性(耐性)は細胞がどの程度の(凍結)脱水に耐えるかにより決まる。

樹木の組織の中でも比較的薄い細胞壁をもつ、葉の柔細胞、師部柔細胞、形成層細胞などは、このような細胞外凍結で氷点下温度に適応する。北海道を含めた寒冷地に成育する樹木において、細胞外凍結で適応する組織細胞は、時には、液体窒素温度(−196℃)の凍結にも耐えることができる[2]。草本植物では最大の凍結耐性をもつ秋まき小麦でも、凍結耐性は−30℃程度である。この意味で、寒冷地の樹木細胞は凍結抵抗性のチャンピオンであるということができる。細胞外凍結で液体窒素温度の凍結まで耐える寒冷地の樹木から、その高い凍結耐性に関与する物質を同定する試みがなされている[3]。

2. 樹木の中には凍らない水をもつ細胞がある

樹木の師部などの柔細胞は細胞外凍結で適応するが、樹木の中にはこれと全く異なった低温適応機構を示す細胞もある。樹木は巨大な樹幹を形成するために、樹体を支えるために重要な木部組織の細胞は、草本植物と比べて遙かに厚く・堅い発達した細胞壁構造を形成している。これは木部に存在する生きた細胞である木部柔細胞についても例外ではない。この細胞壁の特性のため、樹木の木部柔細胞は、細胞外凍結とは全く異なった凍結への適応機構を発達させている。言い換えると、厚く・堅い細胞壁をもち、さらに氷晶が成長する細胞外の間隙の少ない樹木の木部柔細胞は細胞外凍結により氷点下温度に適応することができないため、異なった凍結への適応戦略を発達させざるを得なかったと考えられる。

樹木の木部柔細胞が考えた氷点下温度への適応機構は過冷却という戦略であった。過冷却による適応では細胞外に氷ができても、細胞壁の構造特性のため脱水は起こらず、細胞内の水は液体のままで−40 ℃、場合によっては−70 ℃ 近くまで過冷却を続ける。細胞は過冷却を続けている間は生存できるが、過冷却の限度温度以下では、致死的な細胞内凍結が起こる。従って、冬季には過冷却の限度温度を上げることが樹木の寒冷地への適応にとって重要な要素である。

樹木木部柔細胞が示す過冷却の限度温度は、熱帯から冷温帯まで、成育地の温度が低下するにつれて比例的に低下する。熱帯樹木でも木部柔細胞は−10 ℃ 付近まで過冷却をする能力をもち、この能力は寒冷地に向かうにつれて徐々に増加して、最大−70 ℃ に達する。さらに、寒冷地の樹木の木部柔細胞の過冷却限度温度は季節的にも著しく変化し、冬季に−70 ℃付近まで過冷却する細胞も、成長期である夏期には−10 ℃まで上昇する[4, 5]。このように樹木の木部柔細胞は過冷却の限度温度、すなわち細胞内の水が凍らない限度温度を緯度的、季節的な成育環境温度に依存して変化させながら寒さに適応している。樹木の組織細胞のうち、唯一、過冷却で適応する木部柔細胞の凍結抵抗性は、細胞外凍結で適応する樹木の他の組織細胞に比べ低いため、木部柔細胞の過冷却の限度温度が樹木の寒冷地への分布を規制する最も重要な要因となっている[5]。

3. なぜ、木部柔細胞の水は凍らないのか？

樹木の木部柔細胞が過冷却するメカニズムについて、これまでは、木部柔細胞は細胞壁の構造的特性により、脱水も、外部からの氷の浸入も受けず、細胞(プロトプラスト)は外界の氷から隔離された小さな水滴として存在するために、水の物理的性質により過冷却をすると考えられていた[6]。純水の場合、このように隔離された状態では、準安定的な過冷却により−40 ℃付近まで液体状態を保つことができる。さらに、氷の核とならない溶質が水中に存在する場合は、その濃度に応じて、水溶液はさらに低温まで過冷却をすることとができる[7]。樹木の木部柔細胞内の水が過冷却をするのはこれまでは、すべてこの隔離された水の物理的性質によるものと解釈されていた。

しかし、過冷却した水が凍る頻度は、水滴の大きさが大きいほど、冷却時間が長ければ長いほど高くなる[8]。水滴としての木部柔細胞の大きさも、さらに、木部柔細胞が自然界で氷点下温度にさらされる冷却時間も、ともに、水の物理的性質のみにより木部柔細胞が自然界で数週間以上にわたる長期間、−40 ℃付近の低温まで過冷却を続けることを説明するには疑問がある。さらに、なぜ、過冷却の限度温度が成育環境の温度変化、すなわち低温馴化及び脱*馴化により大きく変化するのかも水の物理的性質のみからの説明では不十分である。

このため、我々は樹木の木部柔細胞内には、何らかの過冷却度を促進する、あるいは安定化させる物質が存在する可能性があると考え、以下の実験を行った。一つは、細胞壁に変化を与えないように細胞膜を壊して、細胞内容物を細胞外に流出させて、過冷却能力に変化が起こるか否かを確かめた[9]。他は、木部柔細胞からの抽出物に水を過冷却させる能力があるか否かを検討した[10]。この結果、内容物を流出させた木部柔細胞では著しく過冷却能力が低下するとともに、木部柔細胞からの抽出物には著しく水の過冷却を促進させる性質があることが明らかになった。これらの結果は、木部柔細胞内には、過冷却を促進する何らかの物質が存在することを示唆する。このように、木部柔細胞が自然界で深過冷却するメカニズムについて、水の物理的特性以外に何らかの細胞内成分が関与すると考えられるが、その実体は不明であった[11]。

4．過冷却する木部柔細胞に発現する遺伝子の同定

木部柔細胞が深過冷却をするメカニズムを明らかにするためには、過冷却能力の変化と関連して木部柔細胞に起こる様々な変化の実体を明らかにすることが必要である。細胞外凍結により氷点下温度に適応する植物細胞については、低温

馴化による凍結耐性の上昇と密接に関連して現れる様々な変化が知られており、凍結抵抗性(耐性)のメカニズムは分子レベルで明らかになりつつある[12]。しかし、過冷却する木部柔細胞については、これまでに、このような研究は全くといっていいほど行われていない。

そこで、われわれは先ず、過冷却限度が夏期に−20 ℃程度で、季節的低温馴化の結果、冬季に−60 ℃付近まで増加するカラマツの木部柔細胞を材料として、過冷却度の増加と平行的に発現する遺伝子の同定を行った[13]。合計、約2,400個のカラマツ木部遺伝子についてディファレンシャル・スクリーニング*により解析した結果、50種の遺伝子が20 ℃以上の過冷却能力の増加と平行的に発現する遺伝子であった。このうち、34種の遺伝子は何らかの形で既に遺伝子データーベースに登録されている遺伝子であったが、残る16種の遺伝子は未登録の新規遺伝子であった。34種の既登録遺伝子の機能は、シグナル伝達、糖・脂質・DNAなどの代謝関連酵素、LEA(Late Embryogenesis Abundant)蛋白質、熱ショック蛋白質、抗菌性蛋白質、膜輸送蛋白質、脂肪酸輸送、金属結合蛋白質、などの合成に関与するものであった。また、これら既登録34種の遺伝子中には、既登録ではあるが機能的には未知な7遺伝子も含まれていた。

さらに、これらの過冷却能力の増加とともに発現する50種の遺伝子のうち、細胞外凍結で氷点下温度に適応する植物において低温馴化による耐凍性の上昇と平行的に発現することが既に知られている低温誘導性遺伝子は16種だけであり、残りの34種(16種の未登録遺伝子を含む)は低温誘導性としては新規の遺伝子であった。これらの結果は、細胞外凍結と過冷却という全く異なった凍結適応機構にも拘わらず、共通した低温誘導性遺伝子が存在する一方、過冷却で適応する木部柔細胞にのみ特徴的に発現する多くの遺伝子があることを示している。

過冷却と細胞外凍結という異なった凍結適応機構に共通して発現する遺伝子として、低温情報伝達に関わると考えられる転写因子(abscisic stress ripening protein)、低温シグナル伝達に関与すると考えられる脱リン酸化酵素遺伝子(protein phosphatase 2A regulatory subunit)、LEA 蛋白質の一種であるデハイドリン様蛋白質をコードする複数の遺伝子(COR19/dehydrin 等)、ラフィノース属オリゴ糖の合成酵素遺伝子(ガラクチノール合成酵素)、低分子熱ショック蛋白質遺伝子(small heat shock protein class II)、グリセロリン脂質合成酵素(aminoalcholephosphotransferase)、液胞膜プロトン輸送酵素(H^+–pyrophosphatase)などが発現した。これらの遺伝子は、脱水と低温ストレスがかかる細胞外凍結と、低温ストレスのみがかかる過冷却という、異なった両適応機構においても、それぞれ何らかの寄与が推定できる遺伝子である。

また、過冷却で適応する木部柔細胞でのみ特異的に発現する新規の低温誘導性遺伝子として、情報伝達に拘わると考えられる機能不明の転写因子(water deficit inducible protein LP3-3 等)、病原菌感染で発現するシグナル伝達因子遺伝子(nucleotide binding site-leucine rich repeat protein 等)、活性酸素種の除去の一端に関与すると考えられる酵素遺伝子(aldo/keto reductase)、抗菌性蛋白質遺伝子(hypersensitive-induced response protein)、スフィンゴ脂質合成酵素遺伝子(serine palmitoyltransferase)などが発現した。これら遺伝子の多くも細胞外凍結により適応する細胞で発現しても不思議ではないが、過冷却する木部で始めて低温誘導性遺伝子として同定されたものである。

一方、細胞膜を構成する脂質の一種であるセレブロシドの合成に関わる*スフィンゴ脂質合成酵素は、細胞外凍結で適応する細胞では低温馴化により減少することが知られている。過冷却で適応する木部柔細胞において、低温馴化によりスフィンゴ脂質合成酵素遺伝子の発現が、逆に、増加することは、過冷却と細胞外凍結による適応機構の違いの一端を反映している。

5. 過冷却の増進と関連すると推定される遺伝子の機能解析の試み

樹木の木部柔細胞の過冷却能力の増加と平行的に発現する遺伝子を同定したが、これらの中で、過冷却の増加あるいは安定性に直接的に関与すると考えられる唯一の遺伝子は*デハイドリン様蛋白質遺伝子であった。デハイドリン蛋白質には不凍蛋白質活性を示すものがあることが知られている[14]。不凍蛋白質には、液体の融解温度は変えず凝固点を低下させる*熱ヒステレシスにより過冷却度を増加させたり、氷晶の成長阻害や、あるいは既に形成された氷晶が再結晶化して大きくなることを軽減するなどの機能が知られている[15]。このため、過冷却する木部柔細胞に見いだされたデハイドリン様蛋白質には不凍蛋白質として過冷却を促進する効果をもつことが期待された。デハイドリンの全シークエンスを解読した結果、カラマツの木部柔細胞の過冷却能力の増加と平行的に発現したすべて(5種)のデハイドリンは、植物休眠誘導ホルモンである

ABA(Absisic Acid)処理や、乾燥で発現する保存領域として*YSK 領域を持つタイプではなく、低温で発現することが知られているSK領域のみを持つタイプのデハイドリンであった。これらデハイドリン蛋白質の遺伝子を大腸菌(*E-coli*)に導入して、大量生産させ、精製して不凍蛋白質としての活性を調べた。しかしながら、温度ヒステレシス効果、及び氷晶生長阻害活性効果ともに、不凍蛋白質としての明確な効果は認められなかった。

過冷却能力の増進と関与して発現する遺伝子の機能を明らかにするための試みとして、低温馴化の結果細胞内で起こる変化と過冷却能力の関係を明らかにして、それらの変化への遺伝子の役割を明らかにするアプローチがある。しかしながら、先にも述べたように、これまでに過冷却能力の変化と、細胞内変化の関連について為された研究は殆どない。そこで、我々は可溶性糖質の蓄積と過冷却能力の関係を調べた[16]。低温馴化による樹木の木部柔細胞の過冷却能力の増加と、*シュクロース、*ラフィノース、*スタキオースなどの可溶性糖質の蓄積の増加の間には平行関係が認められた。これら全可溶性糖質の木部柔細胞内の濃度は、細胞外凍結で適応する師部柔細胞の7倍にも達した。この結果は過冷却能力の増加により、ラフィノース属オリゴ糖の合成に関与する*ガラクチノール合成酵素遺伝子の発現が増加する事実と一致する。これらの糖は、樹木の師部柔細胞を含む細胞外凍結で凍結適応する植物細胞に低温馴化の結果蓄積することが知られており、凍結による脱水から細胞を守る機能が示唆されている[2]。脱水の影響を受けない木部柔細胞での、これら糖質の多量の蓄積は細胞の浸透濃度の上昇により融解温度の降下をもたらし、結果として、凍結温度(過冷却の限度温度)を低下させることにより、過冷却の増進をもたらすと推定される。引き続いて、過冷却の増加と関連する細胞内変化の把握を行い、これに関与する遺伝子の解析を続けている。

近年、我々は木部柔細胞には水の過冷却を著しく促進する複数のフラボノール配糖体が存在することを明らかにした[17]。

最後に、遺伝子機能を解明するために形質転換体を作るアプローチがある。これは、過冷却活性の増加と平行的に発現する遺伝子を導入した形質転換植物を作成して、導入植物における過冷却能力の変化を明らかにするアプローチである。遺伝子を導入するモデル植物としては、木部柔細胞が過冷却する能力をもつ植物を用いる必要があり、ハイブリッドアスペンを用いることとした。現在、この野生株の実生苗の木部柔細胞の過冷却能力について検討を行っており、近い将来に、形質転換ハイブリッドアスペンにより、カラマツから同定された過冷却能力の上昇と平行的に発現する個々の遺伝子の機能評価を行う。

6. おわりに

多年生木本植物である樹木は他の草本植物と比べて、生物学的にも際だって異なる生理的な特徴をもっている。ここでは、寒さへの適応という観点から樹木が持つ特徴的な氷点下温度への適応機構である過冷却に関する研究の一部について述べた。これらの基礎研究から凍らない水を作るという最終ゴールを目指している。生物としての樹木の種々の特徴をさらに詳細に研究することにより、樹木への理解が深まるとともに、樹木の新たな有効利用への道が拓けると確信する。

●文　献

1) 林　隆久：化学と生物 40、pp. 32−37 (2002)
2) Sakai A. and Larcher W. (ed.)：*Frost Survival of Plants: Responses and Adaptation to Freezing Stress*, Springer-verlag, New York (1987)
3) Fujikawa S. *et al.*：*Cold Hardiness in Plants: Molecular Genetics, Cell Biology and Physiology*, In Chen T. H. H. *et al.*(eds.), CABI Publishing, London, pp. 167−180 (2006)
4) Fujikawa S. and Kuroda K.：*Micron* 31, pp. 669−686 (2000)
5) Kuroda K. *et al.*：*Plant Physiology* 131, pp. 736−744 (2003)
6) Ashworth E. N. and Abeles F. B.：*Plant Physiology* 76, pp. 201−204 (1984)
7) Rasmussen D. H. and MacKenzie A. P.：In *Water Structure at the Water Polymer Interface*, Jellnek H. H. G. (ed.), Plenum Publishing, N. Y., pp. 126−145 (1972)
8) Fletcher N. H. (ed.)：*The Chemical Physics of Ice*, Cambridge University Press, London (1970)
9) Kasuga J. *et al.*：*CryoLetters* 27, pp. 305−310 (2010)
10) Kasuga J. *et al.*：*Cryobiology* 55, pp. 305−314 (2010)
11) 藤川清三：化学と生物 43、pp. 280−282 (2005)
12) Chen T. *et al.*(eds.)：*Molecular Genetics, Cell Biology and Physiology*, CABI Publishing, London (2005)
13) Takata N. *et al.*：*Journal of Experimental Botany* 58, pp. 3731−3742 (2007)
14) Wisniewski M. *et al.*：*Physiologia Plantnum* 105, pp. 600−608 (1999)
15) Griffith M. and Antikainen M.：In *Advances in Low-Temperature Biology*, Steponkus P. L.(ed.), JAI Press, London, pp. 107−140 (1996)
16) Kasuga J. *et al.*：*New Phytologist* 174, pp. 569−579 (2007)
17) Kasuga J. *et al.*：*Plant, Cell and Environment* 31, pp. 1335−1348 (2008)

（藤川清三）

8章　モデル樹木としてのポプラ

1．樹木のゲノム研究

木は、人の生活になくてはならない物であり、あらゆる物が木で作られ、燃料として用いられてきた。それだけ人の生活に密接な木について未だ理解されていないことが多い。今日、遺伝子解析があらゆる生物で進められている中、樹木遺伝子の研究もやや遅れながら始まった。遺伝子の解析を通じて木の持つ神秘的な秘密を明らかにすることで、環境、エネルギー、素材など様々な分野で木の有効利用が期待される。どの様な夢物語が遺伝子解析によって現実になりうるのか？例えば、法隆寺で使われている柱は、樹齢1000年のヒノキで、建立されてから1500年たった今でも変わらず建物を支え続けている。それだけ日本の風土にあった建築素材として非常に優れていると言えよう。しかしながらスギやヒノキなどの針葉樹は成長が著しく遅い。スギやヒノキなどの成長スピードを2倍あるいはそれ以上にすることが出来たらどれだけ有用であろうか。しかしながら、その夢を現実にするための生物学的な妨げが針葉樹には、多く含まれている。針葉樹だけでなく樹木全体を研究するにあたり、代表的な「木」としてポプラが選ばれ他の樹種に先駆けて研究が行われている。本章では、ポプラがいかにして樹木の代表として選ばれたのか、またその成果が他の樹木へどのように応用することが出来、森をとりもどすために何が出来るのかを述べていきたい。

ヒトゲノムに始まり、ショウジョウバエ、シロイヌナズナ、イネなど様々な高等生物のゲノム解読が行なわれ各分野での研究成果が飛躍的に伸びている。現在ではゲノム情報、各遺伝子情報が生物の研究を行なうにあたって必要不可欠になりつつある。ここで少しだけこれら言葉を分かりやすく説明する。ゲノムとは何か？ 例えば人とイネの場合、明らかに見た目が異なる。何が違いを生み出しているのだろうか？ 人とイネの様々な違い、例えば人には髪の毛があり、イネは種子を付けるといった違いは、それぞれの生物に存在する遺伝子の種類によってもたらされる。対照的に細胞を成り立たせるために必要な機能やタンパク質などは、あらゆる生物の間で非常に良く似た遺伝子情報から成り立っている。ゲノムとは、一つの生物を成り立たせるために必要な遺伝子情報が入ったカプセルである。一枚の音楽のCDをゲノムとすると、その中には十数曲の音楽が入っている。そのそれぞれの曲が遺伝子である。曲の数(遺伝子の数)は、それぞれの生物によって異なる。単純な微生物なら全ての遺伝子の数も少ない。人間など高等生物では、複数の細胞から構成されているので遺伝子数も非常に多くなる。では、高度に発達した生物の方がゲノムサイズ(音楽CDで言うと再生に必要な全ての時間)は、大きくなるのか？ と言うとそうではない。音楽を聴いていると曲と曲の間に2～3秒くらいの無音のスペースがある。ゲノム上も同様に遺伝子と遺伝子の間に、あるいは遺伝子の中にも翻訳されないスペースが存在する。このスペースが異常に長い生物もあれば、短い生物もいる。一例を挙げてみると、「ユリ」と「人」と「フグ」の中で一番ゲノムサイズが

表 8-1　モデル生物のゲノムサイズ[1, 2, 3]

生物種	ゲノムサイズ(Mbp)
大腸菌	4.6
酵母	12.1
線虫	100
ショウジョウバエ	140
フグ	400
人	3,000
シロイヌナズナ	125
イネ	565
ポプラ	480
スギ	9,000
ユリ	120,000

大きいのはユリである(**表 8-1**)。ユリは遺伝子として翻訳されない部分が非常に長い。それに比べてフグは、非常に短くゲノムサイズがコンパクトになっている。この様に生物種によって遺伝子数とゲノムサイズというのは異なっており、研究に用いる際、もちろん短い方が扱いやすいというのは言うまでもない。植物について深く知ろうとした時、植物の中でもゲノムサイズが特に小さい物を選び、植物の代表選手として選ばれたものがシロイヌナズナである。そして木のためのモデル樹木として最初に選ばれたのがポプラである。樹木は他の植物同様、様々な環境に応じることができるよう進化してきた。例えば熱帯地方あるいは寒冷地方に適した種類もあれば、乾燥に強いものもあり、これは樹木だけではなく植物全般に言えることである。しかし樹木に共通して言える特徴は、長年に渡って肥大成長を続けられる木部を持っていることであろう。樹木木部は、地球上最大のバイオマスであり、人の生活になくてはならない素材である。なぜ、樹木は何十

年、何百年と生き続けることが出来、木部を巨大化させることが出来るのか？ポプラのゲノム配列の解読、働いている遺伝子を知ることで、木部形成の秘密など他の植物にない樹木独自の機能を明らかにすることが出来るであろう。

2．モデル植物について

モデル植物として良く研究されたからと言ってその植物を直接応用に用いるのは難しい。モデル植物から得たデータを実際に用いる近い生物へ応用していくのが通常であろう。しかし、イネの場合モデル植物として研究され、作物としても世界で最も食される穀物であり、最近の研究では、突然変異体や品種の持つ分子レベルでの機能特性を明らかにした上で、遺伝子組み換えに頼らず交配育種で優良な特性を持ったイネ品種が生み出された。多くの植物の場合、種子として次世代を残すのが容易であるが、樹木の場合これが困難である。仮に組換え体を作ったとしても「たね」として次世代を残すことが難しい。このため、花をつけやすくなる様な遺伝子組換えを施したポプラを他の遺伝子研究に用いようとする試みもなされた。

現在、植物研究において最も広く研究者の間で用いられているのが、和名シロイヌナズナ（*Arabidopsis thaliana*）である。和名でも分かる様にナズナの仲間でキャベツや大根などと同じ属であるが、見た目は道端に生えている「ぺんぺん草」である。第二次世界大戦中からモデル植物として使われ始めたのでその歴史は以外と古い。なぜシロイヌナズナがモデル植物として使われてきたかと言うと、染色体の数がわずか5本、総塩基配列が125 Mbp（メガベースペア：1億2500万塩基対）

と非常にコンパクトであること、5～6週間で種子を付けることが出来、育成も簡単であり、アグロバクテリウムを用いた遺伝子組み換えも可能であるといった多くのモデル植物としての優れた点を持つからである。このシロイヌナズナを徹底的に調べることにより、他の植物への応用を可能にする。それは、植物間では種属を超えて、ある程度遺伝子の機能は同じであると仮定した上でのことである。ちなみにシロイヌナズナと言うゲノムのCDの中には、曲(遺伝子)は約25,000種類存在する。

ここで本題のポプラの話に入ろう。他の植物や動物同様、モデル生物になるためには、遺伝子サイズが小さいことや、遺伝子組換えが可能であること、生育が早いなどの条件を満たさなくてはならない。仮にシロイヌナズナやタバコなどを樹木研究のモデルとして扱うことは、植物の持つ基本的な機能の解明や応用に関しては可能であるが、茎を長年にわたって肥大成長し続ける樹木だけが持つ特性を調べるには、やはり樹木の中から代表を選ぶべきであろう。ポプラは、他の樹木属に比べモデル樹木としての様々な条件をクリアしていた。

ポプラの基本情報を記述してみよう。組換え植物を作るために使うアグロバクテリウムに対する感染能力は高く、タバコなどと同様に葉や茎などを用いて簡単に感染させることが出来る。感染後カルスと呼ばれる細胞の塊も出やすく、個体への分化再生能力にも優れている。根を再生させたあと土へ順化するのだが、好条件の温室では1日に4 cm以上茎が伸長する。ゲノムサイズは、およそ480 Mbp。シロイヌナズナの4倍ほどで、ヒトゲノムの5～6分の1程度でかなりコンパクトである。それに対してスギは、人のおよそ3倍でゲノム解読がいかに困難であるかその数字だけで明らかである。この様に、ポプラはモデル生物としての特徴を十分兼ね備えるため、モデル樹木として用いられる様になった。

3. ポプラゲノムプロジェクト

モデル樹木として認知されたポプラであるが、その次に他のモデル生物同様、ゲノム配列の解読が始められた。アメリカ合衆国エネルギー省が中心になって行なってきたポプラのゲノム塩基配列の解読は、2005年の時点でおおよその読みが終わり、その結果、コンピューター上の推定で58,000遺伝子存在していることが明らかとなった。数字的にはシロイヌナズナの2倍ほど遺伝子の数が多いことになる。どの生物の場合もそうであるが、必ずしも推定された遺伝子がすべて発現しているとは限らない。ゲノムデータベースを元に今後の研究がポプラの遺伝子、ひいては樹木遺伝子の秘密が明らかにされてくるであろう。このゲノム解読に用いられたポプラは、*Populus trichocarpa* という種類の木で、北米南部に生育している。エネルギー省のJGI研究所の近くにはこのポプラが生えていることで用いられた。しかしながら、これまで、ヨーロッパや日本、北米で用いられてきたポプラ(ハイブリッドアスペン)と異なった種であるため、遺伝子配列に若干の違いが見られる。例えば、スウェーデンのウーメオ植物科学センターを中心に用いられているハイブリッドアスペン(*Populus tremula* × *tremuloides*)遺伝子配列とランダムに既知の遺伝子を比較すると翻訳される遺伝子部分で数パーセントの差がある。おそらく遺伝子の制御を司るプロモーター領域はさらに十数パーセントの違いがあると予想される。もう一点、ゲノ

図 8-1　ウーメオ植物科学センター温室のポプラの様子
高さ 5 m ほどの個室が十数室あり、組換え植物に対応した施設となっている。排水は集められ熱処理を施されてから廃棄する。

ム配列解読に用いられた *Populus trichocarpa* の問題点はアグロバクテリウムを用いた形質転換効率が他のハイブリッドアスペンに比べて低いという問題である。モデル植物として用いる以上、遺伝子組換えが、どこで誰がやっても容易でないと研究の進行が遅くなる。この点に関しては、今後、改善され容易に扱える様になることを期待している。

4. ゲノム配列から何が分かるのか？

ゲノム配列が解読されたとしても、それだけで生物の全てが明らかにできる訳ではない。その配列を元に、シロイヌナズナなど他の植物で明らかにされてきた情報を当てはめ推測し樹木としての機能を明らかにしていくとともに、樹木特異的なメカニズムを明らかにしていかなくてはならない。どんな生物でもそうだが、成長過程で様々なイベントがあり、自然界で生きるために様々な環境応答をしなくてはならない。

例えば乾燥、高温、低温、ウイルスなどによる病虫害、塩害、光……と多くの外因的ストレスがあり、各ストレスに関わる遺伝子群が異なる。また、道管、繊維細胞、葉肉細胞、トライコーム、根毛、花弁など多様な細胞へと分化するために必要な遺伝子群も異なる。ある組織、あるいは細胞の分化や発達に関連した遺伝子群を網羅的に明らかにすることは、将来、遺伝子改変による樹木応用を可能にする。樹木において多くの研究グループが注目しているのは、何十年何百年かけて肥大成長する木部細胞の分化・発達であろう。木を資源とした利用は様々で、その用途によってターゲット遺伝子も変えなければならない。例えば、紙の生産には、木が必要であるがその応用のための需要も異なる。製紙過程で細胞壁に含まれるリグニンを除去するために膨大なエネルギーが工場で必要とされるが、リグニンの縮合構造を少し変えて脱リグニンし易くすることや、壁中のリグニン含量を数％減少するだけで、エネルギーコストの節約に繋がる。針葉樹の様に成長が遅い樹木を早く肥大成長できる様に細胞分裂のスピードや、光合成能を含む炭水化物の流れを促進できるよう改変出来れば有用であろう。また木部細胞壁の肥厚を増加させることで、壁成分のセルロースやリグニンが増加し、炭素固定が増加すると大気中の二酸化炭素の減少に利用できると考えられる。しかし二酸化炭素の固定のためにわざわざ遺伝子組換え樹木で森を作るより、森を構成するために必要な木の植林を進めた方が良いに違いないのだが。ただ研究の目的として、炭素固定能力を樹木で効率よく上げるためにはどの様な遺伝子が関連するか知ることは非常に重要で、野生の樹木の中から優良品種を選抜するための指標に用いることも出来る。いずれにせよ、考えられるこれからの樹木応用には、樹木木部における様々な生理的機能を明らかにすることが必要とされる。どの遺伝子がどの細胞でどういったタイミングで発現制御されているか網羅的に明らかにすることが出来れば、その細胞への分化や代謝物の人為的な制御が可能となる。

5. ポプラで重要な遺伝子を見つけるために

ここで、スウェーデンで行なわれているポプラ遺伝子の網羅的な解析について紹介したい。上述した様にこのグループでは、ハイブリッドアスペン（*Populus tremula* × *tremuloides*）を用いた、「*EST ライブラリー」を構築してきた。EST ライブラリーとは何か？ ゲノムの情報とは異なり、ある特定の組織や細胞などのあるタイミングで実際に転写されている状態の遺伝子、メッセンジャー RNA を集めたライブラリーである。実際にまずこのグループが手がけたのは、木部細胞の分裂と発達が盛んに行なわれている木部形成層からメッセンジャー RNA を抽出し、木部形成に関わる遺伝子をライブラリー化した。つまり、ポプラの木部を作るために必要な遺伝子をまとめて捕まえたわけである。少しその手法について具体的に書くと、抽出してきたRNAはおそらく数千種類の遺伝子が含まれていると考えられ、それら遺伝子を安定化して保存するために、二本鎖 cDNA に置き換え、大腸菌の中で増殖できる*プラスミドと言う環状の遺伝子の中へ組み込んでやる。このプラスミドを大腸菌の中へ導入するのだが、一匹の大腸菌には一種類のプラスミドしか入ることが出来ないため、はじめに1万個の遺伝子があれば1万種類のプラスミドが入った大腸菌が出来ることになる。その大腸菌を希釈してシャーレ上の培地にまくと、大腸菌は、培地上で増殖を続けコロニーと呼ばれる点になる。見た目は、カスタードクリームで作った点々である。一つ一つのコロニーは、同じ大腸菌が分裂して増殖した物なので同じプラスミドが含まれている。例えば、一つのシャーレに200個のコロニーが出たとしたら、200種類のプラスミドが存在することになる。コロニーを出来るだけ数多く出して、各コロニー由来のプラスミドを抽出すれば、どの遺伝子がどれだけ存在しているかおおよそ明らかとなる。この方法で、形成層由来の遺伝子を約5,000個拾い、各遺伝子の塩基配列を部分的に読んでいったところ、3,000種類の遺伝子が含まれていた。ここで「？」と思われたかもしれない。5,000個の遺伝子を拾ってなぜ3000種類の遺伝子なのか？ これは、同じ種類の遺伝子が複数個含まれているためである。つまり、遺伝子の発現量が多く制御されている事になる。例えば、細胞分裂後では、活発に細胞壁合成を行なわなくてはいけないが、それに関わるセルロース合成酵素などは、一つの細胞内でかなりの数が必要であり、そのためにはメッセンジャーRNAの発現量も多くなくてはならない。実際のところ、ある瞬間で木部形成に関わる遺伝子の絶対量は、数十万以上で、種類も5,000以上の遺伝子が関わると考えられるが、おおよそ発現している遺伝子を網羅的に調べる上でスウェーデンのグループが獲得した3,000種類の遺伝子は十分な量と言えよう。その後、このグループは、根、葉、頂端分裂組織*、おしべ、めしべ、吸水させた種子、あて材*などなど19種類のポプラ組織からメッセンジャーRNAを獲得し同様のESTライブラリーを構築した。拾った遺伝子の数は、総数で12万個である。そのすべてが人の手によって、コロニー一つ一つからとられた訳である。コロニーから遺伝子を拾うために、楊枝を使ってコロニーをついて一つずつ回収していく。友人のスペイン人学生は、このコロニーを楊枝でつくアルバイトをしていたが、スウェーデンの楊枝の先端は、尖ってなく四角く平らでつきにくいと苦労していた。我慢できなくなった彼は、わざわざスペインから先の尖った楊枝を送ってもらったというエピソードがある。さて、それら全ての EST クローンの塩基配列を部分的に解読し、データベースを整理した結果、総数 25,000 種類の遺伝子が 19 種類の組織を成り立たすために、発現制御されていた。各組織のライブラリーを見るだけでも、その組織細胞では、どの遺伝子が活発に働いているかおおよそ見当をつけることが可能である。しかし、1 クローンしかとれてこなかった遺伝子も多数存在することからそれぞれの遺伝子間の量的関係を詳細に述べることが出来ない。そこで、獲得した遺伝子を用いた*マイクロアレイ解析が行なわれた。マイクロアレイについて簡単に解説すると、まず獲得した遺伝子をドット状にスライドグラス上にスポットする。数センチ角あたりに、最新のポプラマイクロアレイの場合だと 25,000 種類の遺伝子が独立して張り付いていることになる。その後、いろんな組織から RNA を抽出して蛍光標識し、あらかじめ作成した遺伝子を乗せたスライドグラス上にかけると、同じ遺伝子配列を持っていると互いにくっつき合う。そしてくっついた部分は、蛍光標識されているので、ある遺伝子が多く存在し沢山つけばシグナルは強くなり、全くつかなければシグナルとして検出されない。この方法で、一網打尽に 25,000 種類の遺伝子発現の量がそれぞれ見えてくる。ここまでのシステムを築き上げるのに

100名近い研究者その他スタッフが支えてきており、そのための巨額の投資がスウェーデン政府及びEUによってなされているのである。その背景としてスウェーデンでは、林業は主力産業であることがいえるが、未来のために本気で研究に投資してくれる姿勢がすばらしいと思う。植林されている木は、殆どアカマツかトウヒであるが、効率よく森が整備され、起伏が殆どないため、さながら樹木の畑の様に見える。

6．ポプラの遺伝子情報から分かってきたこと

最近の報告では、ポプラで糖を分解あるいは転移に関連した酵素についてポプラゲノムデータベースとESTデータベースを元に調査が行われ、シロイヌナズナと比べ1.6倍多くの酵素遺伝子が含まれていることが明らかとなった。その中でも、最も遺伝子発現量が多くみられた酵素が*スクロース合成酵素であった。夏場の樹木木部形成層では活発に木部細胞が形成されるため、その原料とエネルギーの元が膨大に必要とされる。細胞を作るためのエネルギーはもとより、細胞壁成分のセルロースなどの多糖類、リグニンと言った炭素骨格を持った全てのバイオマスの根源は、葉で光合成して作られるスクロースである。このスクロースが形成層まで運ばれ各細胞内に取り込まれる際にスクロース合成酵素が要求されるため、遺伝子発現量が増えるのは自然なことである。

こうしたスクロース合成酵素遺伝子は「あて材」形成時にさらに強く発現していることが、マイクロアレイデータから明らかになっている。広葉樹におけるあて材は、肥大した樹木が風などによって傾斜するときに屈折に応答して戻ろうと活発に幹の半分の形成層の活動を強めた結果できる木部細胞

で、二次壁にリグニンが極少ないセルロースに富んだ*ゼラチン層を形成する。しかも、急激に屈折に対して応答が必要なため形成層の分裂スピードは通常より著しく活性化される。この反応に対して必要なエネルギー、細胞あるいは細胞壁を作るための基質供給も活性化されるため、スクロース合成酵素遺伝子の発現も非常に活性化される。ここではスクロース合成酵素の例を挙げたが、樹木にはこの様な「風」などの環境要因に対してすばやく応答できる術が備わっており、こうした事実もゲノムデータ、さらにはマイクロアレイを用いた網羅的な遺伝子解析により、一網打尽にどの遺伝子がある現象に関わっているのか知ることができる。

7. 他の樹木への応用は可能か？

ポプラで明らかにされてきた研究成果は、本当に将来、森をとりもどすために役立つことが出来るのだろうか？ 今の世の中の風潮では、「遺伝子組換え樹木の森」なんて言うのはあり得ないかもしれない。そんな物を作ろうものなら、誰かがやってきて切り倒されたり焼かれたりするかもしれない。これが、人の口に入る様な作物だったらなおさらであろう。例えば、遺伝子組換えによって製紙コストが安く質の良い紙を作ることが可能な木が出来たとして、一般の人に遺伝子組換え樹木を用いた紙100％というのが受け入れられるかどうか。事務用の紙ならいいが、ハンバーガーの包み紙に使われていたりしたら問題になるかもしれない。研究者からしてみれば、製紙行程でタンパク質は殆ど全て形を失ってしまうことは、すぐに考えつくことなのだが、一般の消費者にその説明は届かないかもしれない。この反面、中国では組換え樹木を積極的に用いようとしている。中国では、砂漠化が深刻な問題で、毎年何万ヘクタール規模で砂漠の拡大が起こっている。そのため乾燥耐性遺伝子を導入したポプラを乾燥地帯へ応用しようと既に野外実験が始まっており、実用化に向けて確実に前進している。

ポプラゲノムは、おおよそ解読された段階でこれから更なる精読が進められるであろう。樹木分子生物学に関わる研究者は、シロイヌナズナやイネの研究人数に比べるとはるかに少なく、今後爆発的に成果が上がるとは期待できないだろうが、シロイヌナズナですでに明らかになった結果と比較応用することで徐々に樹木特異的な生理現象が明らかにされてくるはずである。また、ポプラを用いてすぐに極地での応用を目指すのは、現時点では難しいと考えられるが、厳しい環境条件でも生育可能な現地の樹木植物へ、ポプラで明らかになったデータを用いられることは十分ありえるであろう。そのためにも一人でも多くの人に樹木研究の重要さが地球環境に貢献するということを理解してもらい、遺伝子組換え樹木などの野外実験などについて寛容になっていただければ、更なる発展が期待されるだろう。

●文　献

1） Hizume M. *et al.*：*Cytologia* 66, pp. 307–311 (2001)
2） Tuskan G. A. *et al.*：*Science* 313, pp. 1596–1604 (2006)
3） Bruce Alberts 他：『細胞の分子生物学』第 5 版、ニュートンプレス (2010)

（西窪伸之）

9章　組換え技術の信頼性向上

1．組換え技術への期待

農作物の品種改良は、従来、優れた父親と母親を交配することにより行われてきた。交配によって遺伝子が導入された結果、様々な性質を持った子孫が出現する。そのうちの優れた性質を持った個体のみを選抜して改良を重ねてきた。樹木は農作物に較べて、個体のサイズが大きくライフサイクルが長いという特徴を有している。そのため、交配後の子孫の性質を調べるまでに広い場所と長い時間が必要となり、従来の育種方法を適用する上での問題点となっていた。

近年、植物バイオテクノロジーの発達は目覚しく、交配を経ずに別種類の生物種の遺伝子を導入し、優れた性質を持つ個体を誕生させることが可能になった。この方法は「遺伝子組換え技術」と呼ばれ、植物の細胞を特殊な養分を含む培地上に植え付け、一つの植物体までに成長させる「組織培養技術」と、生物から目的とする遺伝子を取出し、細胞に遺伝子導入し組換え体を選別する「組換えDNA技術」から成り立っている。短期間に従来の育種方法では作り得ない性質を有する個体を育成することができ、樹木の品種改良への応用が期待されている。

2. 自然の力を活用

遺伝子組換え技術を用いて改良された農作物は、従来技術で育成された品種と区別され、「遺伝子組換え農作物」と呼ばれている。我々の食卓に、「遺伝子組換え食品」が登場して以来、新聞やテレビなどで大きく報道されており、自然界に存在しない何か特別な物であるような印象を与えている。実際、遺伝子組換え自体は新しい現象ではなく、植物分子生物学の発達により解明された自然界の現象を応用したものである。

現在、植物への遺伝子導入には、土壌に住んでいる細菌の一種であるアグロバクテリウムが広く用いられている。この菌が植物に感染すると、クラウンゴールと呼ばれる大きなコブが形成される。このコブは腫瘍の一種で、感染部位からアグロバクテリウムを除去しても増殖し続ける。この機構は長らく不明であったが、1970年代に入り、アグロバクテリウムから植物細胞へ遺伝子が移動し、植物細胞の性質が変化することが分かった。自然界において、植物の遺伝子組換えが日常的に行われていたことになる。

なぜアグロバクテリウムは、植物にコブを作るのか。自分の住む場所と食べ物を確保するための高等戦術と考えられている。この菌が植物細胞に導入する遺伝子は、大きく二種類に分けられる。自分の住む場所であるコブを大きくする植物ホルモンと、食べ物であるアミノ酸の一種を作る遺伝子である。遺伝子が導入された植物細胞では、サイトカイニンとオーキシンの両ホルモンが過剰に生産され、異常に増殖した細胞がコブを形成する。同時に、オパインと総称される特殊なアミノ酸が多量に生産され、アグロバクテリウムがエネルギー源として利用する。

これらの遺伝子は、細菌の染色体上ではなく、環状の小さな DNA(プラスミド)上の T-DNA と呼ばれる領域に位置する。細菌が植物に感染すると、T-DNA 領域は、プラスミドより切出され植物細胞の染色体上に組み込まれる。プラスミドは非常に扱い易く、通常の DNA 操作技術により、一部を切りとって、その代りに他の遺伝子を繋ぎ合せることができる。導入したい目的の遺伝子を T-DNA 領域に置くと、細菌の感染により植物細胞へ導入することが可能になる。このようにプラスミドは、遺伝子を運ぶ役目をするので、運び屋 DNA(ベクター)とも呼ばれており、様々な種類のベクターが開発されている。

3. 植物の組換え技術の課題

アグロバクテリウムを用いた遺伝子導入を効率良く行うため、バイナリーベクター法が開発され、現在広く用いられている。このシステムは、T-DNA 領域を持つプラスミドと、この領域を植物細胞に移行させる遺伝子を持つプラスミドから構成されている。後者のプラスミドを有するアグロバクテリウムに、目的の遺伝子を組み込んだ前者のプラスミドを導入して用いる。T-DNA プラスミドでは、コブの原因となる遺伝子が取り除かれている。遺伝子導入に必要なのは、T-DNA 領域の両端の DNA 配列だけで、両配列の間に目的の遺伝子を組み込めるよう設計されている。

遺伝子組換え農作物を作り出す手順について、簡単に説明する。まず導入したい目的の遺伝子と、組換え細胞を選別す

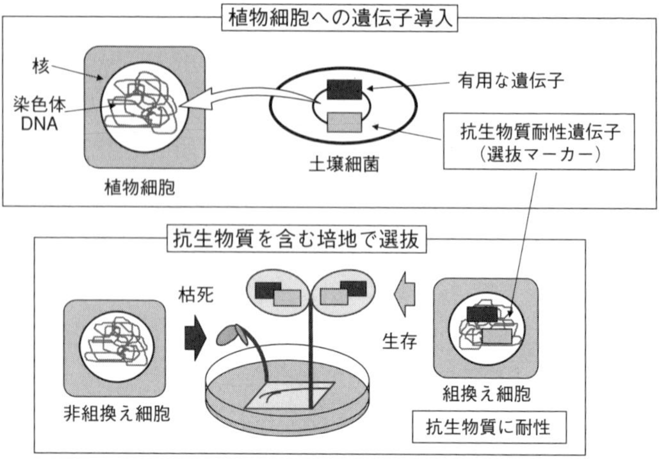

図 9-1　植物細胞への遺伝子導入と組換え体の選抜[1)]
選抜マーカーとして用いた抗生物質耐性遺伝子が組換え体に残留

るため、目印として用いるマーカー遺伝子(抗生物質耐性遺伝子)をT-DNAプラスミドに組み込む。アグロバクテリウムに導入し、植物組織に感染させる。植物ホルモンを含む培地上で感染組織を培養し、細胞の増殖と植物体への再分化を誘導する。抗生物質を培地に添加し、生き残った個体を、組換え体として選別する。目的とする有用な性質の発現や、次世代への安定した伝達を確認する(**図 9-1**)。

現在の方法では、得られる組換え体にマーカー遺伝子が残存することや、導入した遺伝子が染色体のどの位置に入るか分からないなどの問題がある。マーカー遺伝子として用いられている抗生物質耐性遺伝子は、微生物間ではプラスミドの形で水平移動しており、抗生物質耐性菌の出現が医療分野で大きな問題となっている。組換え農作物の栽培で耐性菌のリ

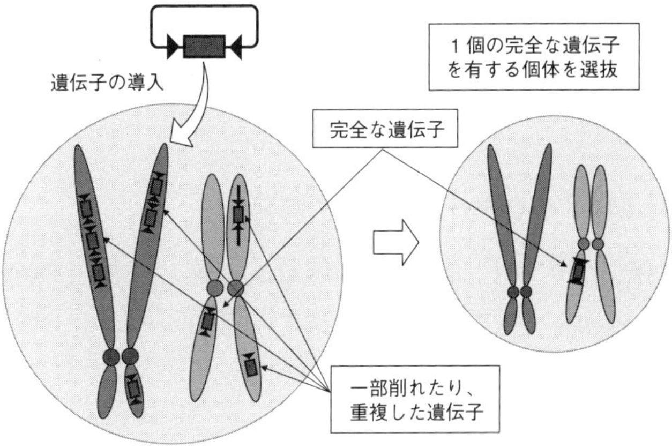

図 9-2　従来法による複数の不完全な遺伝子のランダムな導入
DNA 解析により1コピーの完全な遺伝子を持つ個体をスクリーニング

スクが有意に高まるとは考えにくいが、消費者の懸念を除くため、遺伝子組換え後にマーカー遺伝子を除去できるような技術の開発が望まれていた。また、微生物で用いられているような部位特異的な遺伝子導入法でないため、遺伝子が導入される染色体上の位置やそのコピー数を制御することができなかった。通常、導入された遺伝子の発現レベルは、組換え体の個体ごとに異なる。これは遺伝子が導入された染色体上の位置の差異によると考えられており、位置効果と呼ばれている。複数コピーの遺伝子が導入された組換え体では、*ジーンサイレンシングなどの遺伝子の発現障害ばかりでなく、遺伝子の導入による既存の遺伝子の破壊や偽遺伝子の活性化などが生じる場合が多くある。そのため、遺伝子導入後、それぞれの組換え体の性質を慎重に調べ、導入した遺伝子が発現してないものや不安定なもの、また、間違った遺伝子配列が生じたものを排除する必要がある(**図 9-2**)。これらの不安を払拭しスクリーニングの労力を低減させるため、植物においても染色体の特定の位置へ遺伝子を導入する技術の開発が望まれていた。

4. MAT ベクターシステムの開発

米国、フランス、カナダを中心に、組換え樹木の研究開発が急速に進展しており、中国において、組換えポプラの商業栽培が開始されている。しかしながら、組換え農作物の商業栽培に較べると非常に遅れており、大部分の組換え樹木は、野外試験植林による安全性評価が行われている段階である。樹木は、農作物以上に環境との調和を求められており、組換え体の環境負荷の低減とモニタリングが重要な課題となっている。MAT ベクターシステムとは、Multi-Auto-Transformation の略で、選別に用いたマーカー遺伝子が組換え体に残存せず、異なった遺伝子を繰返し導入することが可能な技術である。消費者の信頼性向上と環境との調和に配慮し、組換え体の選別に抗生物質耐性遺伝子を用いない設計となっている。

MAT ベクターシステムのコンセプトは、本来、アグロバクテリムが持っている驚異的な感染能力の活用にある。この細菌は、エネルギー源であるアミノ酸を作る遺伝子を植物細胞に導入すると同時に、感染細胞を優先的に増殖させるために植物ホルモンを作る遺伝子も導入する。従来の遺伝子導入法で用いられているベクターでは、この遺伝子が除かれており、組換え細胞を培養する培地に植物ホルモンを添加し増殖させる。MAT ベクターシステムでは、マーカー遺伝子として

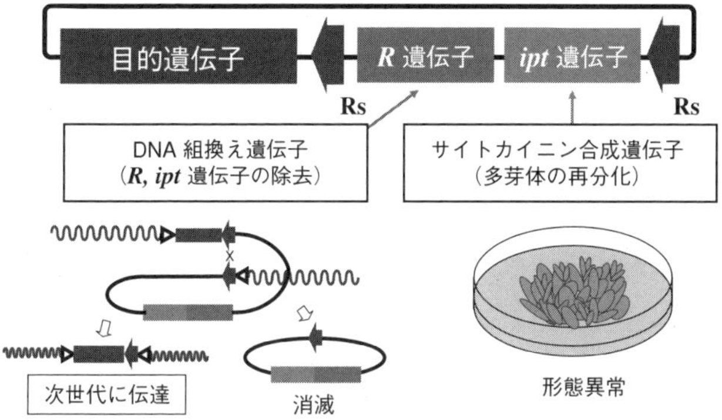

図 9-3　MAT ベクターの構造
サイトカイニン合成遺伝子とそれを取り除く DNA 組換え遺伝子の組合わせ

抗生物質耐性遺伝子でなく、この植物ホルモンを作る遺伝子を用いている。

今回、植物ホルモンのサイトカイニンを作る遺伝子を用いたベクターについて紹介する。まず、アグロバクテリム法を用いて、目的の遺伝子とサイトカイニンを作る遺伝子を有する MAT ベクターを導入する。サイトカイニンが過剰に作られ、植物ホルモンを添加していない培地上で組換え細胞が自立的に増殖する。芽に再分化した組換え体は、過剰なサイトカイニンの働きで頂芽優勢と発根能力を失い、側芽だらけの奇形な形状を示し容易に選別することが可能である。このままでは、奇形で実用性がなく、次の段階として、サイトカイニンを作る遺伝子が除去されよう設計されている。MAT ベクターでは、遺伝子の除去に部位特異的組換えシステムが用いられている。このシステムは、DNA 鎖をつなぎ変える組換え酵素とその認識配列からなっている。**図 9-3、4** に示すよう

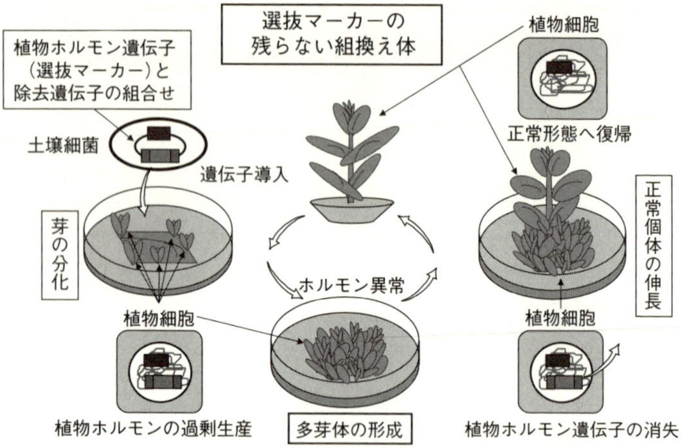

図 9-4　MAT ベクターによるマーカーフリー組換え体の作成
サイトカイニンの過剰生産による多芽体の形成と消失による正常形態への復帰

に、サイトカイニンを作る遺伝子は、二つの認識配列に挟まれており、組換え酵素の働きで環状に切出され消滅する。その結果、奇形を示す組換え体を培養していると正常に伸張し発根する個体が出現する。*交雑ヤマナラシを材料に用いた実験においても確認されており、交配を経ずに当世代で目的の遺伝子のみを有するマーカーフリー組換え体を作成することが可能である。

5. SDI ベクターシステムの開発

組換え樹木の実用化には、導入した有用な性質が安定して伝達することが要求される。しかしながら、樹木は、農作物に較べライフサイクルが長く、次世代において導入した遺伝子の発現を調べるのが難しく問題となっている。一つの解決

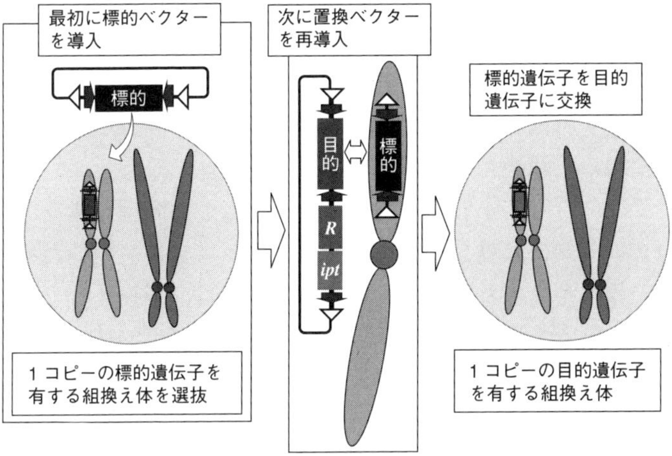

図 9-5　SDI ベクターによる染色体上の狙った場所への遺伝子導入
1コピーの標的遺伝子を持つ個体の選抜と組換え酵素による遺伝子の置換

策として、確実に発現を予測できる遺伝子導入法(SDI ベクターシステム)の開発を行っている。

SDI ベクターシステムとは、Site-Directed-Integration の略で、染色体の特定の部位へ特異的に遺伝子を導入することが可能な技術である。まず、植物ゲノム上の遺伝子の発現が安定している場所を探し目印を付ける。実際、通常のアグロバクテリウム法を用いて、目印となる標的遺伝子を導入する。作成した多数の組換え体を詳細に調べ、一コピーの完全な遺伝子が組み込まれ発現の安定した個体を選別する。このスクリーニング作業で、ゲノム上の発現の安定した場所に目印のある組換え体を得ることができる。次に、組換え酵素を用いて、目的の遺伝子を目印の場所へ導入する。実際、標的遺伝子を有する組換え体に、再度、アグロバクテリウム法を用いて、目的の遺伝子を導入する。組換え酵素の働きで、標的の遺伝子と目的の遺伝子が置換され、目印の位置に目的の遺伝子が導入される(**図 9-5**)。一度、標的の遺伝子を有する個体を作成すれば、煩雑なスクリーニング作業なしで迅速に発現の安定した組換え体を得ることができる。

この分野は、世界的な開発競争が厳しく、米国やオランダのグループにより、部位特異的組換えシステムを用いた導入法の報告がなされている。彼らの方法では、組換え酵素の組み込み反応を用いて、染色体の特定の部位に目的遺伝子を導入する。しかしながら、組換え酵素の組み込み反応と切出し反応は可逆的で、組み込まれた遺伝子がすぐに切出されるのが問題となっている。また、導入したい目的の遺伝子以外に、目印に用いた遺伝子や余分なベクター構造も組み込まれ実用化の妨げとなっている。一方、SDI ベクターシステムでは、組換え酵素による組み込み反応ではなく置換反応を用いている。**図 9-5** に示すように、組換え酵素による置換反応は安定で、組み込まれた遺伝子はそのまま維持される。また、目印の標的遺伝子と目的の遺伝子は完全に置換されるので、余分な遺伝子やベクター構造などが組換え体に残ることはない。

従来の遺伝子導入法と SDI ベクターシステムの比較を、タバコを材料として行った。アグロバクテリウム法を用い、目印の標的遺伝子を一コピー有する組換え体を作成した。遺伝子の発現が安定している三系統に、目的の遺伝子を再導入し置換個体を作成した。同時に、コントロールとして、アグロバクテリウム法を用い、目的の遺伝子を一コピー有する組換え体を作成した。**図 9-6** に、作成した組換え体の遺伝子発現

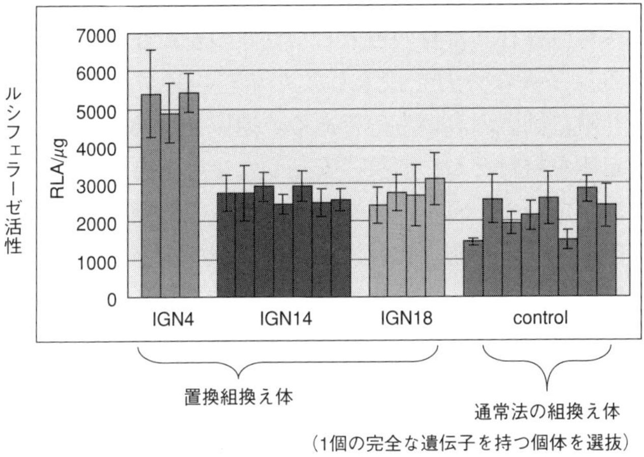

図 9-6　SDI ベクターによる安定して遺伝子を高発現する組換え体の作成
標的系統の選定により高発現の置換系統を容易に得ることが可能

の強さを示す。三系統の置換個体に較べ、コントロール個体の遺伝子発現のバラツキが大きいことが分かる。興味深いことに、一系統の置換個体の発現は、コントロールの倍以上の強さを示した。この結果は、一度、標的の組換え個体を作成し遺伝子の発現を調べておけば、発現が高く安定している置換個体を迅速に得ることができることを示している。

6．今後の展開

近年、植物のゲノム研究の進捗に伴い、主要な農作物や樹木の遺伝子の機能解析が加速されている。今後、より多くの組換え農作物や樹木が実用化され商業栽培が進んで行くと予想される。従来の遺伝子導入法は未熟で、遺伝子の機能解析に適した正確な予測が可能な導入法の開発が求められている。また、組換え体の実用化では、実験室レベルから野外栽培レベルへ移行した時の導入した性質の安定性が問題となっている。多大な労力を投入しスクリーニングした組換え体は、非常に価値の高いものである。遺伝子置換技術は、この組換え体を材料とし、形質の安定した発現を再現できる可能性を有している。SDI ベクターシステムの開発は、プロモーターや遺伝子の正確な比較、染色体領域の遺伝子発現への影響の解析や、信頼できる組換え農作物のスクリーニングの迅速化と低コスト化に役立つと考えられる。

●文　献

1）海老沼宏安：「遺伝子操作と野外実験」、『木材科学講座 11　バイオテクノロジー』(片山義博、桑原正章、林隆久編)、1 章、pp. 55–69、海青社 (2002)

2）Ebinuma H. *et al.*：“Asexual production of marker-free transgenic aspen using MAT vector systems” In Kumar S. and Fladung M. (eds.), *Molecular Genetics and Breeding of Forest Trees*. New York, Food Products Press, pp. 309–338 (2004)

3）Ebinuma H. *et al.*：“Elimination of marker genes from transgenic plants using MAT vector systems”, In Pena L. (ed.), *Methods in Molecular Biology* (vol. 286), *Transgenic Plants*, New Jersey, Humana Press, pp. 237–253 (2005)

4）Ebinuma H. and Nanto K.：“Marker-free targeted transformation”, In Mohan J. S. and Brar D. S. (eds.) *Molecular Techniques in Crop Improvement 2nd Edition*. Springer, pp. 527–543 (2009)

（海老沼宏安）

10章　環境安全性の評価と審査

1．安全性を確保するための枠組み

遺伝子組換え生物を利用する上で、国がその安全性を確保するためには、その仕事を行うための枠組み(フレームワーク)が必要になる。枠組みとは、行政を行う上でよりどころとなる、法律やその他の規則、ガイドライン等を含み、どこで、誰が、どのように行うのかをきちんと定めるものである。日本における*バイオセーフティの最初の枠組みは法的な強制力のない「組換えDNA実験指針」(1979年)や「農林水産分野等における組換え体の利用のための指針」(1989年)によっていたが、環境安全性に関しては、2003年9月11日に国際発効した「生物の多様性に関する条約のバイオセーフティに関する*カルタヘナ議定書」を同年11月21日に日本が批准したことをきっかけに、法律を基にした枠組みが整備されることになった。国際条約の議定書それ自体には拘束力はないが、議定書を批准した国は議定書のルールを国内で確実に守り実行するため、国内の法律などによって規制の枠組みを整えなければならない。日本は、2004年2月19日に*カルタヘナ法を施行し、これまでの古い枠組みは生物多様性への影響という観点での新しい枠組みに生まれ変わった。

2. 生物多様性条約のカルタヘナ議定書

人間の活動が増大するにつれて、絶滅する生物種の数が増加し、生物の多様性が損なわれているという問題が指摘されている。バイオテクノロジーの前提でもある貴重な遺伝資源が失われる問題に加え、多様性の失われた生態系は不安定になり、人間の生活環境にも影響が及ぶと考えられる。生物多様性条約は、生物の多様性を保全し、貴重な遺伝資源を持続的に利用できるようにすることを目的としている。この生物多様性条約の下で締結されたカルタヘナ議定書は、特に国境を越えた遺伝子組換え生物の移動に焦点を合わせて、遺伝子組換え生物の安全な使用に寄与することを目的としており、輸出入に際してのルールを定めている。自然環境中で使用することを目的とした遺伝子組換え生物を輸出する際に合意の手続きを求めることとし、①輸出者は遺伝子組換え生物を輸出することを前もって輸入国に通告(輸出してもよいかどうか意図を持って尋ねる)すること、②輸入国は輸入に合意するかどうかを判断し、その決定を輸出者に通報(輸入できる又はできないなど事実を知らせる)するというものである。これは事前合意手続きと呼ばれている。

なぜ貿易のルールが出てくるのか？ 生物は、生育すると同時に増殖、拡散することによって、環境に働きかけていくという性質を持つ。植物は株が分かれたり、種子を飛ばして生育地を拡大させるが、それよりも格段に効率的な拡散の手段は人間による長距離の運搬、すなわち貿易であるためである。輸入品に紛れ込んでいた植物の種子が日本に運ばれて定着し雑草となったり、天敵として導入した動物が定着して野生動物の生存を脅かす存在になったりして問題になるように、元々その生態系に存在しなかった生物が侵入すると、大きな影響を与えることがある。これまでにない特性を持つ遺伝子組換え生物についても、問題が起きないように貿易のルールを定め、影響が生じる可能性があれば未然に防ぐためである。

カルタヘナ議定書では遺伝子組換え生物を輸入するかどうかの判断は第15条の規定に従って科学的なリスク評価により決定することとされ、また、関連して第16条にそのリスクを管理する方法を定めている。リスクとは、望ましくないことが生じる可能性とその結果の大きさを合わせた概念で、リスク評価は、遺伝子組換え生物を使用する際の問題点の抽出をすること、リスク管理は、抽出された問題点の対策をとることになる。

議定書第15条「リスク評価」及び付属書Ⅲ：バイオセーフティの枠組みで、遺伝子組換え生物が生物多様性に対して望ましくない影響があるかどうかを確認する作業は、科学的に適正なリスク評価の方法によって行ない、その方法は議定書の付属書Ⅲに従い、①遺伝子組換え生物自身は何らかの影響を及ぼす可能性のある性質を持っているかどうか、②使用する環境の下でその影響が起こりうるかどうか、③その影響が起きた場合にどのような結果が生じるか、と考えた後に④総合的な評価を下す、という順番で行うことが規定されている。

議定書第16条「リスク管理」：リスク評価により特定された遺伝子組換え生物のリスクに対処するための制度を定める。新しく作出された遺伝子組換え生物は、最初に実験室から自然環境に出す前にリスク評価を行うことを義務付けるほか、その生物の生活環、又は１世代の生育期間を通じて、観察するよう努めること、輸出入をするかどうかに関わらず、リスク評価を行うべきタイミングや必要な期間についても定めている。

3．カルタヘナ法の下での遺伝子組換え生物の使用申請、審査、承認の手順

日本で遺伝子組換え生物等を使用しようとする者は、カルタヘナ法に基づき、その使用形態に応じて申請手続きをし、国の安全性審査を受けなければならない。環境への拡散を防止する措置をとらないで使用することを「第一種使用等」と呼んでいる。第一種使用では野生動植物との接触の可能性があるため、遺伝子組換え生物の使用方法を記した「第一種使用規程」を定め、この規程に従って使用した場合の生物多様性への影響を評価した「生物多様性影響評価書」を提出し、大臣による承認を受けることが義務付けられている。担当する大臣は、研究開発段階のものは文部科学大臣及び環境大臣、産業利用段階のものは、農林水産、財務、厚生労働、経済産業の各大臣のうち、その生物の生産又は流通を所管する大臣及び環境大臣となっている。

一方、大気、土壌、水などを通して環境中へ広がらないように施設の内部で使用することを「第二種使用等」と呼ぶ。この場合は野生動植物と接触する機会はないため影響評価は行われないが、拡散防止措置をとることが義務付けられている。

第一種使用の承認申請があった場合、大臣は生物多様性に

関して専門の学識経験を有する者の意見を聴いた上で承認の可否を決定する。学識経験者は、生物多様性影響に関する知識と経験を持つ植物生理学、育種学、雑草学、植物病理学、水界生態学、微生物遺伝学、保全生態学等の専門家であり、宿主生物の種類に対応した農作物、林木、水生生物、微生物の4分科会と総合検討会からなる生物多様性影響評価検討会で審査を行い、意見がまとめられる。ここでは、政策的な価値判断から独立したプロセスとして科学的な方法でリスク評価が行われ、その審査の結果は大臣が承認の可否を決める重要な鍵となる。検討会でとりまとめられた意見は、第一種使用規程、生物多様性影響評価書など申請書の概要と合わせて公表され、国民の意見を広く聞くパブリックコメントに付される。パブリックコメントで提出された意見または情報を考慮に入れた上で、承認の可否が判断される。承認された遺伝子組換え生物とその生物多様性影響評価書、専門家の意見はホームページ(日本版バイオセーフティクリアリングハウス)(JBCH)で閲覧でき、パブリックコメントの募集や提出された意見、回答もホームページ上で見られるようになっている。

4. 遺伝子組換え生物の環境安全性を考える上での重要な概念

遺伝子組換え生物が環境に与えるインパクトをどのように考え、評価すればよいのか。遺伝子組換え生物の安全性に関する最初の議論がなされたアシロマ会議(1975年、米国)以降、国際的な協議の場で考え方の整理、指針づくりの努力がされてきた。中でも、経済協力開発機構(OECD)の果たした役割は大きく、日本の代表も1991年から参加して活動をつづけている。以下に、このような場での検討を経て発表された、評価を行う上での指針となっているいくつかの重要な概念を紹介する。

遺伝子組換え生物のリスクの種類：遺伝子組換え技術は、従来の交配などによる遺伝的な作業を拡大したものと考えられ、生物の活動は、遺伝子組換え生物であってもそうでなくても、同じ物理的、生物的な法則に従っており、新しい種類のリスクは生じない。

*ファミリアリティ：「遺伝子組換え植物の安全性を判定するための情報」のことで、宿主やその使用方法について、既に知られている科学的事実及びこれまでの実際の経験からなる。評価を科学的データのみで構築することは極めて困難であり必要性も低いと考えられるため、この情報の最大限の活用が図られる。

科学的根拠：使用する情報は専門家の審査（*ピアレビュー）を経て公表された信頼できる論文をできるだけ利用し、実験方法、結果の統計的処理及び解釈、生物多様性影響の評価の方法は科学的かつ適正に行われること。科学的であることは、誰が行ったと仮定しても同様の結果が得られることを意味し、また、データの数値化により、客観的比較が可能となることなど、リスク分析をする上では必須の条件である。

製品評価：遺伝子組換え技術に固有の危険はなく、遺伝子組換え生物を作出すること自体からは一般的に危険は生じない。しかし、どのような技術であってもあえて危険性の高い製品を作出することは可能であり、これは技術自体の問題ではなく、技術の使い方の問題である。したがって、遺伝子組換え植物の作出技術を評価するのではなく、その技術を利用して作出された生物(最終結果産物)を評価の対象とする。

段階的評価：遺伝子組換え植物の使用においては、実験室、温室、隔離ほ場*、一般ほ場、大規模圃場というような規模拡大の段階があり、この段階ごとに評価を行いながら、影響を生じる可能性がないものを確認したもののみが次の段階へ進むことができる。

ケースバイケース：使用の方法、遺伝子組換え生物の宿主の種類、導入遺伝子、影響を受ける側の環境の性質の組み合わせなどにより、生じる可能性のある影響は異なると考えられ、一律に判断できない。よって、影響評価を行う際には、生物の違いと環境の違いの両方に着目して、ひとつひとつのケースに当たってその都度評価をする必要がある。

5. 生物多様性影響評価の方法

遺伝子組換え生物の生物多様性影響評価はまず申請者(開発者)が行ない、評価の内容を文書化して生物多様性影響評価書を作成する。生物多様性影響評価が科学的かつ適正になされるよう、「生物多様性影響評価実施要領」が定められ、どのような筋道で評価を進めていくかを以下のように規定している。また、遺伝子組換え農作物の場合は、評価書の記載方法がマニュアル化されている(「農林水産大臣がその生産又は流通を所管する遺伝子組換え生物等に係る第一種使用規程の承認の申請について」)。

6. 遺伝子組換え植物の情報

評価では、まず第一に情報の収集を行う。ある遺伝子組換え植物が生物多様性に望ましくない影響を与えるかどうかを考える際には、その植物自身の性質を知ることが重要である。植物の特性を誰もが理解できる形に記載するときに、科学は最適な手段となる。

6.1. 宿主の情報

宿主というのは、遺伝子組換え植物をつくるときに利用した組換え前の植物のことである。品種改良では、ある植物品種に新しい特性を付け加えてさらに優良な品種を作っていくが、遺伝子組換え植物も同じように考えて作られていく。バラという植物に、青色の色素を作る遺伝子を組込んで青い花弁を持つバラを作るとき、遺伝子組換えバラであってもやはりバラには変わりない。このため、青いバラの評価をする際には、もともとのバラという植物についてのこれまでの知識や経験が重要な情報になる。どこにその種の起源や多様性の起源があるのか、自然界ではどのような場所に生育しているか、どのような生活環、生活史をもっているか、あるいは人間がこれまでどのように利用してきたかという、その植物に関する情報をできるだけ集める。人間が利用してきた歴史の長い植物ほど、その植物の性質に関する理解が深いため、評価はしやすいと考えられている。これをファミリアリティがあると言う。

この項目は、宿主に同じ生物を使った場合、誰が情報を収集しても、どれもほぼ同じになってしまう。別々の申請者が独立に調査を行うことはコストが高くつくため、OECDではそういった情報を文書としてまとめ共同利用することが有用であると考えた。その成果はコンセンサス文書として現在25文書(作物11、林木11、果樹1、きのこ1、微生物3、ウイルス1など)がウェブ上で利用可能となっている。この中で、トウモロコシ、ダイズ、イネの文書は、日本語版が提供されている。申請者はこのコンセンサス文書を引用しながら、評価を進めていくことができる。

6.2. 調製に関する情報

遺伝子組換え生物は宿主に遺伝子を移入して新しい性質を付与されたものであるため、次は宿主の情報に加え、新しく追加されたものに関する情報が必要となる。移入した核酸(遺伝子)の種類、その由来や機能、実験手法、そして、組換え体そのものに関する性質について、もとの宿主とどのように違うのかということを明らかにする。この中で、実際に遺伝子組換え植物を使い実験を行って、多くの科学的データを収集することが求められる。目標通りに新しい形質が付け加わっているのか、といった結果に加え、生長量、株の姿やサイズ、花粉や種子の生産量、有害な成分が含まれていないか、という基本的なデータも必要とされる。これらの性質は、生物としての特性を把握するための重要な項目であり、宿主と比較して差が認められる場合は、多様性に影響がある性質と見なされて次の第2部で評価される。ここで、差というときには、統計学的手法を用いたときの“有意な差”ということになる。

また、作られた遺伝子組換え植物の性質が生育の過程や世代の交代によっても変わらずに安定的に維持されていることも重要な確認事項となる。

6.3. 使用に関する情報

遺伝子組換え植物をどのように使用するかについての情報である。評価書には、第一種使用規程と同じ内容を書く。遺伝子組換え生物が生物の多様性に与える影響は、その使い方によって異なると考えられる。例えば遺伝子組換え林木を使用する際に、野生林あるいは粗放的に管理される森林で百年以上継続して使用する場合と、パルプをとるために集約的に管理された人工林で短期的に伐採しながら使用する場合では、最終的な樹齢、立地の生態系などが違うことから、生じる影響の種類や程度も異なると考えられる。使用に関する情報は、影響が及ぶ範囲などを考慮に入れて評価をするための重要な前提条件になる。

7.「生物多様性影響を生じさせる可能性のある性質」を持つかどうかの判断

7.1. 生物多様性影響を生じさせる可能性のある性質とは？

収集した遺伝子組換え植物の性質に関する情報をもとにして、第一種使用規程に従って使用した場合の野生動植物への作用の仕方を明らかにし、野生動植物の種又は個体群の維持に支障を及ぼすおそれの有無を判断する。遺伝子組換え植物の場合、「生物多様性影響を生じさせる可能性のある性質」には次のような項目が挙げられている。

> **【項目 1】** 競合における優位性 ～ 野生植物と栄養分、日照、生育場所などの資源を巡って競合し、それらの生育に支障を及ぼすか？

農作物のように、人の手で改良され品質や収量性が向上した植物は一般に生存競争に弱いため、施肥や除草などの管理が適切に行える圃場では生育が可能であるが、栽培目的で使用される植物がその場所から離脱して自然環境下で自生することはほとんどない。しかし、遺伝子組換え植物が新しい性質を持つことによって生存競争にうち勝ち、周囲に生育する野生動植物の生育に影響を与えることも考えられる。生長、繁殖の性質に関わる性質(生長速度、ストレス耐性、生育期間の長さ、及び、種子の生産量、発芽率、休眠性、*脱粒性)などの情報が判断材料となる。

【項目 2】 有害物質の産生性 ～ 野生動植物又は微生物の生息又は生育に支障を及ぼす物質を産生するか？

植物は、体内に有害物質を蓄積したり、根から*他感作用物質を分泌して周囲の植物の生育を抑える性質を持つ場合がある。このため、評価を行う上で、有害物質が新たに増えていないか、実際に植物や微生物への影響を調べる試験(鋤き込み試験、後作試験、微生物相試験)のデータが必須となってくる。また、病気や害虫への耐性をもつ遺伝子組換え植物では、その防除対象となる病原菌や害虫以外の非標的生物への影響を調べた摂食試験などのデータ、代謝を変化させた場合は異常な中間代謝物等が蓄積していないかどうかを示す成分分析データなどの情報を基に特に注意深く評価を行う。

【項目 3】 交雑性 ～ 近縁の野生植物と交雑し、移入された核酸をそれらに伝達するか？

遺伝子組換え植物と交雑が可能な野生植物が存在する場合、花粉を通して、新たな遺伝子を獲得した交雑種が誕生する可能性がある。野生植物への遺伝子拡散の問題は、野生種の維持に影響が生じる場合と、誕生した交雑種がその周囲の野生動植物に影響を及ぼす場合がある。交雑可能な野生植物が生育していれば、その分布や生育特性に加え、野生植物と遺伝子組換え植物間での交雑率や交雑によって生じる種子の発芽率、稔性などのデータが重要な情報となる。

【項目４】その他の性質

この項目の評価が必要なケースは少ない。これまでには、導入した遺伝子に日本に棲息していないウイルスの配列が存在する場合、組換えウイルスが生じる可能性を評価した例がある。

7.2. 評価の実施の方法

上記１～４の項目ごとに、それぞれ次の順番で評価を行う。この手順は、カルタヘナ議定書の附属書 III に記載された方法に準拠している。

【手順１】影響を受ける可能性のある野生動植物等の特定

遺伝子組換え生物が、上記の４項目に挙げられた性質により影響を及ぼす可能性のある野生動植物を特定する。ここで特定される野生動植物が存在しない場合は、生物多様性影響が生じるおそれはないと結論付けられる。

【手順２】影響の具体的内容の評価

手順１で特定された野生動植物が、遺伝子組換え生物の持つ性質によって具体的にどのような影響を受けるのかその内容を明らかににする。個体レベルでの反応についての実験データや、関連情報を収集することにより、科学的に起こることが可能と考えられる影響をリストアップする。

【手順３】影響の生じやすさの評価

第一種使用規程に従って使用した場合に、手順2で明らかとなった野生動植物が受ける影響の内容が、どのくらいの可能性をもって生じるかを見積もる。野生生物の生育状況その他の関連情報を収集し、その生息地と、遺伝子組換え植物が生育する場所との距離が離れていたり、両者の生育時期がずれていれば、影響が生じる可能性は低くなり、逆に距離が近く、生育期が同調していれば影響が生じる可能性は高くなると考えられる。

【手順4】生物多様性影響が生ずるおそれの有無等の判断

これまでの手順を経て特定された生物が影響を受け、その種又は個体群の維持に支障を及ぼすおそれがあるか否かを判断する。

8. 生物多様性影響の総合的評価

8.1. 生物多様性影響評価検討会

検討会では、申請者より提出された生物多様性影響評価書の内容を科学的な見地から検討し、わが国の生物多様性への影響を評価した内容の妥当性を判断する。検討会には、専門の学識経験者として公開の名簿に記載されている検討会委員のほか、農林水産省及び環境省の職員が事務局として参加する。事務局は、検討会運営に関する事務手続き(会議開催進行、スケジュール管理等)を担うとともに検討会委員の求めに応じ、情報収集、文献の探索・精査、申請者との連絡などを行う。

遺伝子組換え植物は農作物分科会または林木分科会で審査される。検討は、最初に申請者から第一種使用規程及び生物

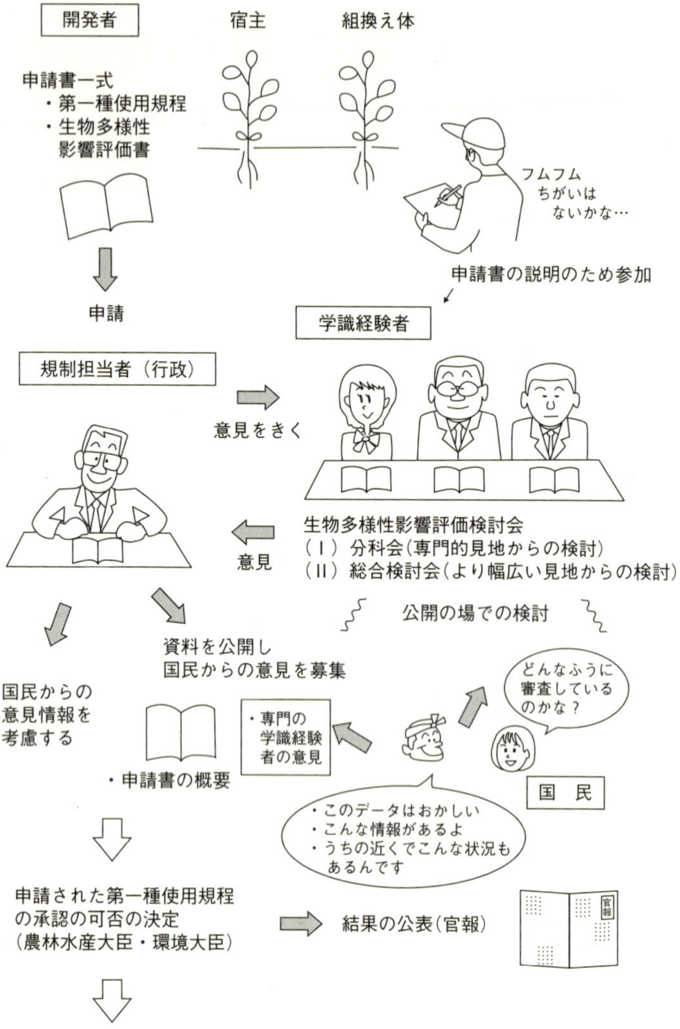

図 10-1　遺伝子組換え林木の使用申請から試験の実施までの流れ

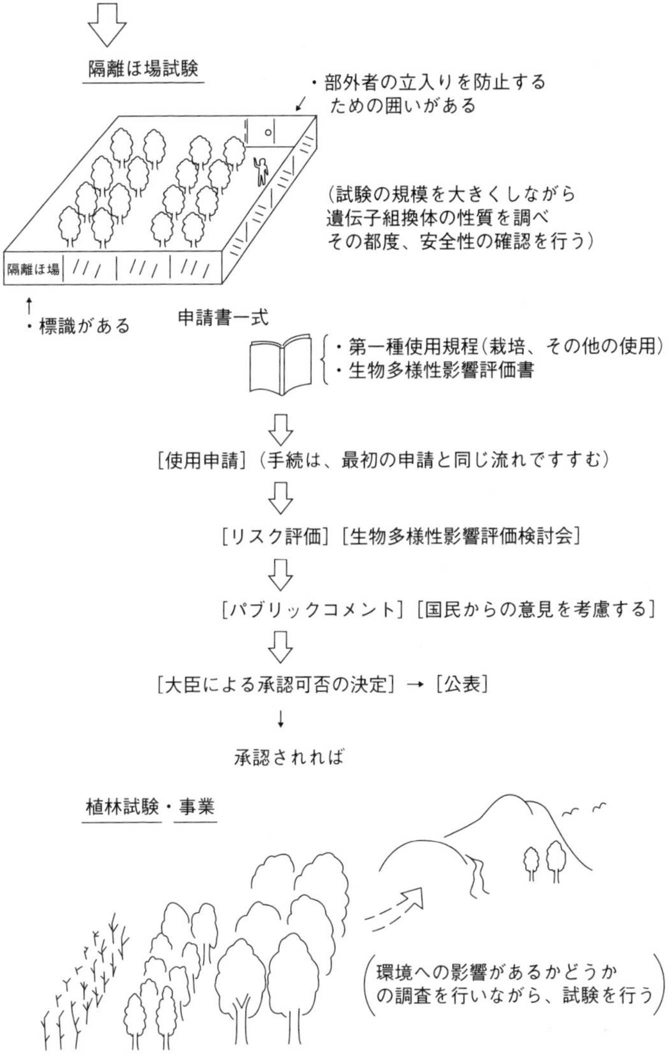

隔離ほ場試験
・部外者の立入りを防止する
ための囲いがある
(試験の規模を大きくしながら
遺伝子組換体の性質を調べ
その都度、安全性の確認を行う)
隔離ほ場
・標識がある
申請書一式
・第一種使用規程(栽培、その他の使用)
・生物多様性影響評価書
[使用申請]（手続は、最初の申請と同じ流れですすむ）
[リスク評価][生物多様性影響評価検討会]
[パブリックコメント][国民からの意見を考慮する]
[大臣による承認可否の決定] → [公表]
承認されれば
植林試験・事業
(環境への影響があるかどうか
の調査を行いながら、試験を行う)

図 10-1 （つづき）

多様性影響評価書に記載してある内容に沿って説明が行われる。この説明では、評価書の内容を分かりやすく簡潔に発表することが求められる。次に、検討委員の間で議論が交わされ、用いている情報は最新のデータや科学的知見を元にしているか、データの統計処理や解釈、評価書の論理構成についての妥当性などが検討される。分子レベルから生態レベルまでの広範なデータや情報を解析し考察する必要があるため、多くの議論が交わされる。最後に申請者に検討結果が報告される。データや記述の追加など、完璧なものを作り上げるまで、申請書の提出が求められる。概して評価書を修正・再提出するため、検討会も数回以上、一年以上かかる場合もある。

分科会での検討結果を受けて開催される総合検討会では、植物科学に限らず、より広い専門分野の委員によって幅広い見地からの意見による議論が行われる。委員からの意見は、インターネットを通じて一般にも公開されることから、過度に専門的な意見に偏らず一般の方にも理解できるよう、用いる用語や表現ぶりにも注意が払われている。

8.2. 遺伝子組換え樹木の検討ポイント

2010年6月現在まで遺伝子組換え樹木の使用承認は、産業利用では遺伝子組換えギンドロ(ポプラ)の隔離圃場での使用承認が2件、研究目的での遺伝子組換えユーカリの隔離圃場での使用承認が6件ある。これから申請の件数が増加すると思われる。農作物の場合は、ほとんどが1作は一年未満で極度に作物化されており、情報の蓄積がある点で比較的評価がしやすいと考えられる。一方、樹木は野生性を強く残しており、遺伝的多様性が大きいこと、長寿命でライフサイクルのスパンが長いこと、大規模な空間を占有し、光、水、土壌などの非生物環境及び生物相に大きな影響を与えること、などの特徴を持ち、その全生活史に渡っての試験が行いにくいこと、実験的な条件設定が難しいことが言える。また、生態系には優占種ではなくても生態学的に重要なものがあり、このような種は*キーストーン種と呼ばれる。このような条件が、遺伝子組換え林木の生物多様性影響評価を行う際に影響を与える可能性がある。

一方、長寿命種は短寿命種よりも生育が緩慢で、開花までの期間が長いなどの性質により、環境への影響を監視することが容易であるとも考えられている。

9. おわりに

これまでに積み上げてきた経験や知恵を活用し、遺伝子組換え植物の性質を科学的に正しく捉え、生物多様性への影響を評価し、適切に管理することが必要となっている。今後さらに新しい性質を持った遺伝子組換え生物が誕生してくると考えられ、規制もそれに対応していく必要がある。

●文　献

1) 岡　三徳：『遺伝子組換え作物の生態系への影響評価』農業技術 60(8)、pp. 345−354 (2005)
2) 小林正寿：『遺伝子組換え生物の環境リスク評価・管理に関する制度』農業及び園芸 80(1)、pp. 121−136 (2005)
3) 林　健一：『安全性評価に関する国際的概念の展開』食品工業 28(2)、pp. 27−32 (1998)
4) 林　健一：『OECDにおける組換え生物の環境安全性に関する活動』農業技術 60(8)、pp. 374−377 (2005)

● **ホームページ**

1) 「日本版バイオセーフティクリアリングハウス(JBCH)」：生物多様性のカルタヘナ議定書及び日本のカルタヘナ法についての情報を発信しています。また、学識経験者の名簿、カルタヘナ法に基づき承認された遺伝子組換え生物の情報、パブリックコメントについても見ることができます。
http://www.bch.biodic.go.jp/
2) 「遺伝子組換え生物等の第一種使用等による生物多様性影響評価実施要領(平成15年財務・文部科学・厚生労働・農林水産・経済産業・環境省告示第2号)」
http://www.bch.biodic.go.jp/houreiList08.html
3) 「遺伝子組換え技術の情報サイト」遺伝子組換え技術とその安全性についての情報を発信しています。
http://www.s.affrc.go.jp/docs/anzenka/
4) 「農林水産省農産安全管理課カルタヘナ法関連情報」
カルタヘナ法に関する情報、カルタヘナ法に基づき承認、確認された遺伝子組換え生物のリスト(農林水産省関係)のほか、関係する各種資料が見られるようになっています。
http://www.maff.go.jp/j/syouan/nouan/carta/index.html
5) 「農林水産大臣がその生産又は流通を所管する遺伝子組換え植物に係る第一種使用規程の承認の申請について」
http://www.maff.go.jp/j/kokuji_tuti/tuti/t0000824.html
6) 「OECD BIOtrack」バイオテクノロジー製品の規制と環境、食品、飼料に関する安全性についての情報発信をしています(英語)。
http://www.oecd.org/department/0,3355,en_2649_34385_1_1_1_1_1,00.html
7) OECD コンセンサス文書(英語)
http://www.oecd.org/document/51/0,3343,en_2649_34387_1889395_1_1_1_1,00.html

＊上記ホームページのアドレスは2010年8月現在のものです。

(川口健太郎)

11章　遺伝子組換え植物の安全と安心

1. 遺伝子組換え作物とは？

遺伝子組換え植物は、社会的には主に農作物として開発されすでに我々のくらしの中で利用されている。具体的には、ダイズやトウモロコシを中心として世界で広大な面積で栽培されており、日本にも多くの遺伝子組換え作物が輸入され主に加工食品・飼料として用いられている。

遺伝子というのは、DNAという物質からできていて、生物の形や性質を決める因子のことである。全ての生物は遺伝子を持っていて、例えば、ヒトでは約30,000、イネでは約40,000の遺伝子がある。私たちが毎日食べている食品はコメや牛肉やトマトなど多くの生物を原料としているので、私たちは日常的に「遺伝子を食べている」ということになる。遺伝子組換え食品とは、遺伝子組換え技術を用いて育種(品種改良)された作物を利用した食品のことである。遺伝子組換え技術は正確に言うと「遺伝子導入」であり、遺伝子組換え作物とは、従来の品種(親株)に、「病気に強い」など有用な遺伝子を導入したものである。本章では、現在の社会における遺伝子組換え作物の開発・栽培状況を概説し、また、その安全と安心の確保の状況についても述べる。

2. 従来の品種改良法と遺伝子組換え法

現在食品として生産されている植物(農作物)は、そのほとんどが品種改良されたものである。例えばトマトについて示すと、世界中の街の八百屋さんやスーパーマーケットでは実に多種多様なトマトが売られている。しかし、これらはすべて栽培種と呼ばれる、品種改良によって生み出された品種である。それでは、農作物としては栽培種と自然に存在していた品種(野生種という)のどちらが好適であろうか。野生種はもともとは、アンデスの山に生息していたわずか2種類である。この野生種のトマトは、実も小さく、味も悪く、また、「トマチン」と呼ばれるアルカロイド(有害物質)が多く含まれており、食用に適したものではなかった。それを人間の歴史の中で品種改良を続けていくことにより、人間の食用として栽培するのに適した(すなわち農作物として優れた)品種を生み出してきたのである。

品種改良の方法としては、従来は2つの品種の掛け合わせ(交配という)として説明されてきた。例えば、「病気に弱いが美味しい品種」と「病気に強いがまずい品種」を掛け合わせると「病気に強くて美味しい、より好ましい品種」ができる、という具合である。しかしながら、この品種どうしの掛け合わせの場合、望ましい品種だけが得られるとは限らない。例えば「味が悪くて病気になりやすい」という品種も得られるであろうし、そのほかの性質が好ましくなくなってしまう場合もある。従って、新しく得られたいろいろな品種から望ましい品種を選抜することが必要である。実はこの選抜の作業に非常に手間と時間がかかり、一つの品種の育種には少なくとも数年から数十年が必要になる。

一方、遺伝子組換え作物というのは先に述べたとおり、遺伝子組換え技術を用いて育種(品種改良)された作物を利用した作物のことである。例えば、病気に強くて美味しい品種を作りたい場合、「病気に弱いが美味しい」品種に、「病気に強い」遺伝子を導入する。目的の遺伝子だけを導入するので時間と手間の大幅な節約になり、また、得られた品種での遺伝子の変化をきちんと調べられる、という特長がある。

3. 主要な遺伝子組換え作物

3.1. 害虫抵抗性(Bt)作物

現在世界で栽培されている代表的な遺伝子組換え作物としては、まずBtトウモロコシが挙げられる。トウモロコシの害虫はアワノメイガという蛾であるが、この害虫は茎の表面に卵を産み付けて幼虫は茎の中で成長するため、農薬を外から噴霧しても駆除の効果が出にくいという難点がある。一方、土壌中の微生物(納豆菌の仲間)の中には、害虫が摂取すると死に至るタンパク(Btタンパク)を作るものがある。そこで、このBtタンパクの遺伝子を導入したBtトウモロコシが開発されている。Btタンパクは害虫が摂取すると、消化管に結合してそこから消化管が破壊されて死に至る。一方、ヒトやウシ・ブタなどのほ乳類やニワトリなど鳥類の腸管にはBtタンパクに対する受容体が存在しない。従って、腸管に害を受けないが、その前に酸性の胃液の中で大半のBtタンパクは消化されてアミノ酸に分解されるのである。ヒトやウシ・ブタなどのほ乳類やニワトリなど鳥類では、腸管の構造が異なるだけでなく、消化のメカニズムが異なるため、虫には毒であっても動物には無害なのである。

トウモロコシについて食品としての観点から見ても、害虫抵抗性はヒトにとって有用である。トウモロコシが害虫に食い荒らされると、そこからカビが侵入しフモニシンと呼ばれる有害なカビ毒を生産する。従って、害虫抵抗性はカビ毒の低減という点でも有用といえるのである。実際アイオワ州立大学での調査によると、従来のトウモロコシではフモニシン濃度が 6.1 ppm であったのに対し、Bt トウモロコシではその濃度は 0.99 ppm と大幅に減少していた。なお、トウモロコシの他にワタでも、Bt 遺伝子による害虫抵抗性作物が栽培されている。

3.2. 除草剤抵抗性作物

最も代表的な遺伝子組換え(GM)農作物の代用例は、除草剤耐性の大豆である。ラウンドアップという除草剤(商品名、成分はグリホサート・アンモニウム)に耐性な「ラウンドアップ・レディ(RR)」大豆が開発されている。この除草剤抵抗性は農薬の使用量を減少させ、あるいは、収穫量を増大させると報告されている。雑草の除去のためには、従来は種々の除草剤を多数回にわたって散布する必要があったが、RR 大豆の場合は一回のラウンドアップの散布により充分な効果が得られる。ラウンドアップは土壌中で微生物により完全に分解されるため、農薬として残留しないことが知られている。さらに、この品種の栽培は、土壌を保護するという意味でも重要といえる。例えば、ASA(American Soybean Association；米国大豆協会)による、RR 大豆を栽培した米国(19 州)の農家 452 人についての調査では、53 % の農家が 1996 年に比べて土壌の流出が抑えられたとし、73 % の農家は収穫量が増加したと答え、さらに、54％の農家はその効果はRR大豆を栽培したことによる、という結果が得られている。なお、大豆の他にワタおよびキャノーラ（ナタネ）についても除草剤耐性遺伝子を導入した農作物が栽培されている。

3.3. その他

食品だけでなく、青色のカーネーションが日本の企業により開発されている。ペチュニアの色素の遺伝子を導入して青くしたもので、既に販売されている。さらに最近では、パンジーの遺伝子を導入した「青いバラ」やキンギョソウの黄色遺伝子を導入した「黄色のトレニア」が開発され、新聞等でも話題となった。

4. 世界の遺伝子組換え作物栽培状況

遺伝子組換え（GM）作物の商業栽培については、ISAAA（International Service for the Acqusition of Agri-Biotech Applications; 国際アグリバイオ事業団）から毎年報告が出されており、本章では最新の「2009年速報」の内容を引用して紹介する。遺伝子組換え（GM）作物の商業栽培は1996年から開始され、その後急速に栽培面積が拡大している（**図11-1**）。2009年の世界の遺伝子組換え作物栽培推定面積は1億3,400万ヘクタールであり、前年と比べても7％増えている。1億3,400万ヘクタールは、日本の国土（約3,500万ヘクタール）の三倍以上、日本の耕地面積（約450万ヘクタール）の三十倍という広大な面積である。

国別に見ると、2009年における世界の遺伝子組換え作物の栽培は25カ国にのぼる。米国の栽培面積は6,400万ヘクタールであり、世界全体の48％を占める。以下、ブラジル（2,140

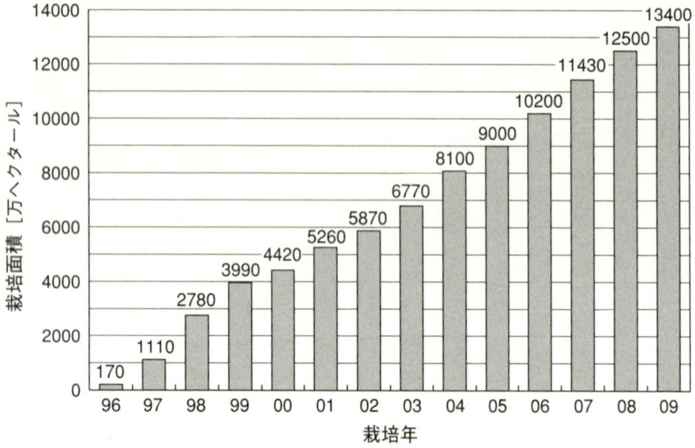

図 11-1　遺伝子組換え作物の栽培面積 [4)]

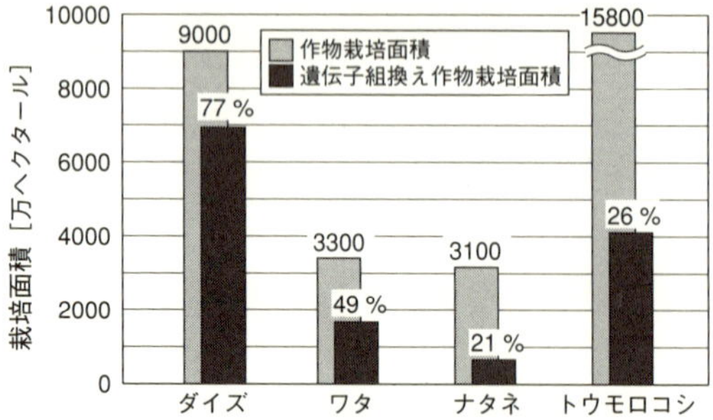

図 11-2　遺伝子組換え作物の栽培面積の割合 [4)]

万ヘクタール)、アルゼンチン(2,130万ヘクタール)、インド(840万ヘクタール)、カナダ(820万ヘクタール)、中国(370万ヘクタール)、パラグアイ(220 万ヘクタール)、南アフリカ(210万ヘクタール)などが主な栽培国である。なお、日本では現在商業栽培はおこなわれていない。

栽培されている主要な遺伝子組換え作物は、ダイズ・ワタ・ナタネおよびトウモロコシの4種である。世界の栽培面積のうちの遺伝子組換えの割合を **図11-2** に示す。特にダイズについては、世界のダイズ畑のうち遺伝子組換えダイズを栽培している面積は75％と、半分以上が遺伝子組換えのダイズなのである。その他、ワタは約半分、トウモロコシは1/4以上、ナタネは1/5以上である。

5．食卓の遺伝子組換え食品と表示制度

遺伝子組換え作物については、これまで述べてきたように世界の広い範囲で栽培されており、特にダイズは世界の半分以上は遺伝子組換え作物である。しかし一方で、日本の店頭では「遺伝子組換え」と表示された食品を見ることはほとんどなく、それどころか「遺伝子組換えではありません」と表示された商品が多い。それでは、遺伝子組換え作物は日本には輸入されていないのか。答えはNoである。

実際には、遺伝子組換え作物は加工用・飼料用として大量に輸入され消費されている。開発・栽培されている遺伝子組換えダイズは、日本で納豆などに用いられている小粒の品種ではなく、搾油用の品種(油として用いられる)である。従って、私たちの食卓ではサラダ油や天ぷら油として用いられている。トウモロコシも普段我々が食べているスイートコーンではなく、飼料用のデントコーンという種類である。従って、畜産で得られる牛肉・豚肉などは遺伝子組換え作物がなければ得られないのである。

遺伝子組換え食品については、消費者の選択のために表示制度が設けられており、遺伝子組換え作物を含むものは「遺伝

表 11-1　遺伝子組換え食品の表示方法

原材料	表示方法
遺伝子組換え農作物を分別生産流通管理	遺伝子組換え
遺伝子組換え農作物と非遺伝子組換え農作物が分別されていない	遺伝子組換え不分別
非遺伝子組換え農作物を分別生産流通管理	遺伝子組換えでない 不使用など

子組換え」と表示することが必要である(**表 11-1**)。また、原料中に含まれている可能性のある場合(米国などでは遺伝子組換を特別扱いしていないため)には、「不分別」の表示が必要である。一方、含まないものには表示義務はなく、「遺伝子組換えでない」「不使用」等の表示をしてもよいことになっている。

ただしこの表示制度には例外もある。導入された除草剤耐性の遺伝子やタンパク質が分解・除去されている場合である。例えば、先に述べたダイズを原料とする油製品や醤油である。

遺伝子組換えの割合が5％未満であれば、表示義務はなく、混入することが許されている。「遺伝子組換えでない」作物は、生産から流通の各段階で他のものと分けて取り扱われるが、混ざることを完全に防げることができないためである。すなわち、「遺伝子組換えでない」と表示された食品にも5％未満の組換えが含まれている可能性がある。ただし、もちろん混入する可能性のある遺伝子組換え作物は、安全性の確認されたものだけである。

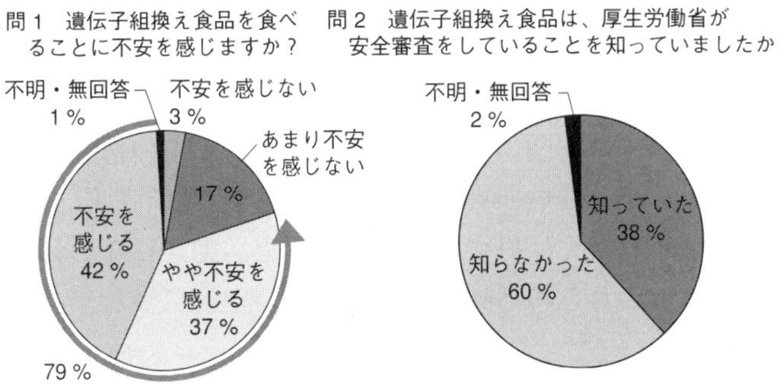

図 11-3　遺伝子組換え食品に対する不安と情報

6. 遺伝子組換え作物についての安全と安心

よく「食品の安全・安心」と 2 つの言葉が並べて用いられるが、「安全」が科学的・客観的なものであるのに対し、「安心」は個々人が感じる心情的・主観的なものである。これまで述べたように、「安全」については、開発から商品化まで各ステップでの安全性審査が行われ、全てについて安全性が確認されたもののみが商品化されている。しかし一方で、スーパーマーケットなどの店頭では「遺伝子組換え不使用」という商品がほとんどであり、「安全」が認められているものについても、「安心」は得られていないのが現状である。

我々が行ったアンケートにおいても、約 8 割の人が遺伝子組換え食品・農作物について不安感を持っていると答えている(**図 11-3 左**)。そしてその最大の理由は、正しい情報提供の不足だと考えられる(**図 11-3 右**)。アンケートにおいても全体の 6 割の人は、遺伝子組換え食品の安全性の審査が行われていることを知らないと答えている。従って、遺伝子組換え食品についてこの技術が誤解なく社会に受けいれられるには、これらについての正しい情報提供が継続的に行なわれていくことが重要と考えている。最近では、(社)STAFFをはじめとして多くの機関によってインターネットでの情報提供や学校、科学館、地域の集会での実験・講演(出前講座[5])等を通じて遺伝子組換えに対する国民理解促進活動が行なわれはじめており、これらの活動が技術の正しい理解につながることを期待している。

●文　献

1) 外内尚人：FFIジャーナル216、pp. 15–20 (2005)
2) 外内尚人：化学と生物44、pp. 11–12 (2006)
3) (社)STAFFパンフレット：「遺伝子組換え農作物」を知るために：ステップアップ編
4) ISAAA：商品化されたバイオテク作物／遺伝子組換え(GM)作物の世界情勢：2009年(http://www.isaaa.org/kc/)
5) (社)STAFFパンフレット：バイオテクノロジー出前講座テキスト集

(外内尚人)

12章　樹木の遺伝子組換え実験

樹木の標準的な交雑育種は、長い期間を必要とするが、遺伝子工学を利用することにより、有用な形質を確実に短期間で樹木に導入し、品種改良にかかる時間を短縮できる。本章では成長が早く、古くから実験材料として用いられている「モデル樹木」のポプラと熱帯早生樹であるファルカタの遺伝子組換え方法を述べる。

1．組換えポプラの作出

海外ではハイブリッドが形質転換体に用いられているが、日本では発根が容易なギンドロ(*Populus alba*)が多く用いられている。日本にあるポプラは、大半がヨーロッパから持ち込まれた外来種である。

組換えポプラ及び組換えファルカタの作出にアグロバクテリウムを用いるので、アグロバクテリウムの特徴について簡単に触れる。

アグロバクテリウム(*Agrobacterium tumefaciens*)は、土壌にいる植物病原菌の一種であり、植物に感染して腫瘍を形成する。この細菌は大きなプラスミドを持ち、そのプラスミドの一部であるT-DNA(transferred DNA)領域を宿主植物細胞の染色体DNAに組み込んで腫瘍を形成する。アグロバクテリウムは、T-DNA遺伝子を相手の植物に送り込む(形質転換す

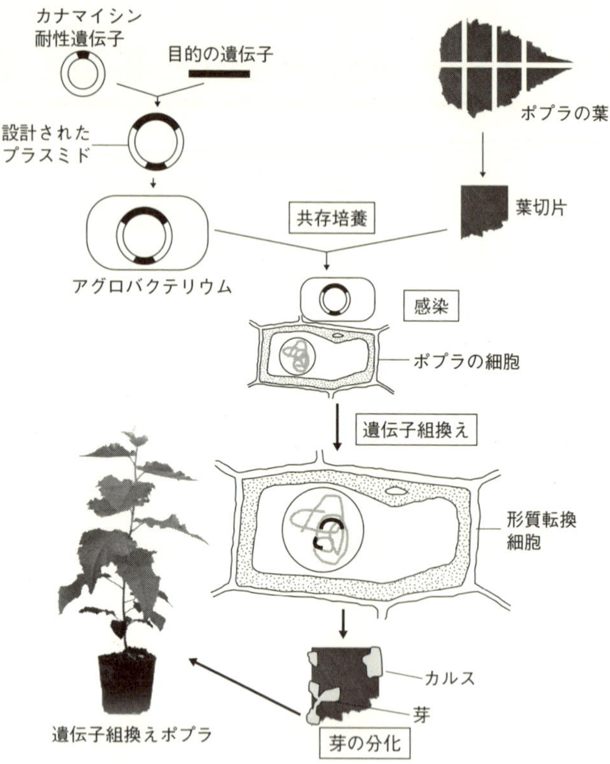

図 12-1　アグロバクテリウムによる植物の形質転換

る)性質を持つ。この自然の遺伝子導入メカニズムが植物の遺伝子組換えに応用されている(**図 12-1**)。実用化されているアグロバクテリウムのT-DNAは、腫瘍形成に必要な遺伝子が除かれ、代わりに導入したい遺伝子をT-DNA領域に挿入できるように改変されている。T-DNAには抗生物質に対して耐性となる遺伝子が加えられているので、T-DNAが組み込まれた植物細胞は、目的の遺伝子と抗生物質耐性遺伝子の両方

図 12-2　無菌培養のポプラ（A：挿し穂による継代培養）と、培養瓶のふたに貼るシール（B：MilliSeal ミリポア）

を発現する。ポプラの葉切片にアグロバクテリウムを感染させ抗生物質を含む培地上で培養すると、形質転換細胞はスクリーニングされ、再分化を誘導することにより形質転換ポプラが得られるしくみになっている。

①無菌ポプラの培養

ポプラの葉切片にアグロバクテリウムを感染させ、葉の細胞の再分化を誘導する組織培養を行うために、無菌の葉が必要となる。そのために、無菌状態のポプラを培養する（**図 12-2A**）。

＜ポプラの継代培地の作成＞

高さ 20 cm 程度の培養瓶を用いる。ふたに直径 1 cm の穴を開け、空気を通すフィルター（巾 1.4 cm）のシールを貼る（**図 12-2B**）。このシールは 45 μm 以下の穴が空いていて、空気は通るが微生物は通さない。よって、通気性がよく、なおかつ無菌の状態が保たれる。ポプラの培養には、*Murashige and Skoog 基本培地に*Gamborg's vitamine を含む組成(通常の 1/2 濃度)に 3％ショ糖を加えたものを用いる。この培地 100 ml を培養瓶に入れ、0.8 g の寒天を加え、ふたをしてオートクレーブ(121 ℃ で 20 分間)による滅菌を行う。これ以後の操作は、クリーンベンチ内で行う。培地が手で触れる程度に冷めた後、フィルター滅菌済みのインドール酪酸を最終濃度 0.4 μM になるように培地に添加する。

＜ポプラの継代方法＞

成長した無菌培養ポプラの先端を 3 cm 程度の長さに切って滅菌シャーレ上に置く。葉を 2 枚残し、培地へ差し込む側の茎は切断面の細胞をつぶさないように再度鋭利なナイフで斜めに切り、2 cm 程度の長さに整える。下から 1 cm 程度を丁寧に培地に差し込む。1～2 週間で発根し、3 カ月程度で約 20 cm の大きさに成長する。

②アグロバクテリウム

＜アグロバクテリウムへのプラスミド導入＞

T-DNA に目的の遺伝子を挿入したプラスミドをエレクトロポレーション法によってアグロバクテリウムに形質転換する。エレクトロポレーションとは、アグロバクテリウムコンピテントセル(ElectroMAX, *Agrobacterium tumefaciens* LBA 4404)に瞬時の高電圧をかけ、細胞膜に微小な穴をあけ、プラスミドを入れることである。氷冷したプラスミド 1 μL(DNA 0.1 ug/μL 以下)に氷の中で溶解したアグロバクテリウムコンピテントセル 200 μL を加え、穏やかに混ぜて氷冷したエレクトロポレーション用セルに入れる。エレクトロポレーション

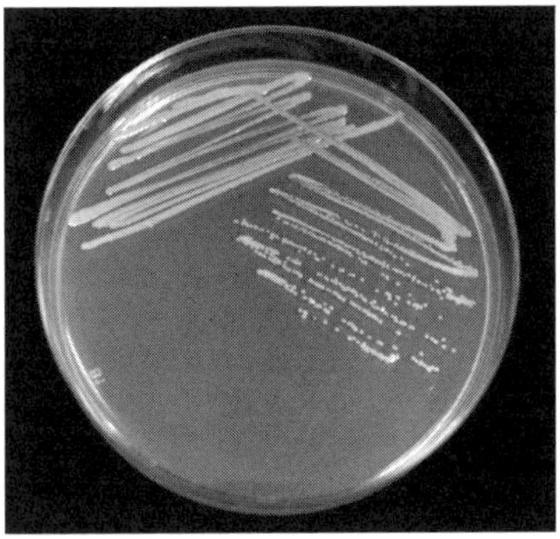

図 12-3　寒天培地に生えたアグロバクテリウム

装置にセルをセットし、電気パルスをかける。この懸濁液を 15 ml のファルコンチューブに移し、室温の YM 培地(0.04 % 酵母エキス、1.0 % マンニトール、1.7 mM 塩化ナトリウム、0.8 mM 硫酸マグネシウムおよび 2.2 mM リン酸一水素カリウム、pH 7.0)を加え、30 ℃ で 3 時間、200 rpm で振とうした後、ストレプトマイシンとカナマイシン 2 種類の抗生物質を含む YM 寒天培地へ播菌する。28 ℃ で 48 時間培養後、生えたコロニーを白金耳で取り、3 つの抗生物質(50 mg/L リファンピシリン、100 mg/L ストレプトマイシンと 50 mg/L カナマイシン)を含む LB (1 % トリプトン、0.5 % 酵母エキス、0.5 % 塩化ナトリウム)寒天培地に播菌する。アグロバクテリウム(LBA4404 株)はリファンピシリンとストレプトマイシン耐性である。導入されるプラスミドはカナマイシン耐性遺伝子を有しているので、プラスミドを持ったアグロバクテリウムは、3 つの抗生物質存在下で生きることができる(**図 12-3**)。

<形質転換ポプラの作出に用いるアグロバクテリウム液の調製>

50 mg/L カナマイシンを含むプシーB(ψB)液体培地(2 % トリプトン、0.5 % 酵母エキスおよび 1 % 硫酸マグネシウム、pH 7.0) 50 ml を 200 ml の三角フラスコに入れ、ここにコロニーを植菌し、16 時間、28 ℃、200 rpm で振とう培養すると対数増殖期(OD_{600} = 0.6 ～ 0.8)に達する。カナマイシンを除くために遠心分離によって滅菌水で 2 度洗浄する。次に、滅菌水で一定の濃度(OD_{600}=0.1)まで希釈し、20 μg/ml(最終濃度)アセトシリンゴンを添加してアグロバクテリウム液とする。アグロバクテリウムの菌量が少ないと遺伝子組換え効率は下がるが、多すぎると菌を取り除くことが難しくなる。アセトシリンゴンは、予め 20 mg/ml の濃度にジメチルスルホキシドで溶解し、有機溶媒用のフィルターで滅菌しておく。アセトシリンゴンのストック液は冷凍で保存可能である。アグロバクテリウムは、アセトシリンゴンを感知すると、その体内にもつ Ti-プラスミドから T-DNA を切り出し、性繊毛を通して T-DNA を植物細胞の細胞核内へと送りこむ。

③プラスミドを有するアグロバクテリウムの継代及び保存方法

<継代方法>

LB 寒天培地(50 mg/L リファンピシン、250 mg /L ストレプトマイシンおよび 50 mg/L カナマイシンを含む)にアグロバクテリムを塗る。

<保存方法>

滅菌したポリプロピレン製のチューブに、上記 3 種類の抗生物質を含む LB 培地で対数増殖期まで培養したアグロバクテリウム懸濁液(OD_{600} = 0.6 ～ 0.8) 300 μl と滅菌済みの 50 % グリセロール 700 μl を加え、転倒攪拌し、液体窒素で凍結し

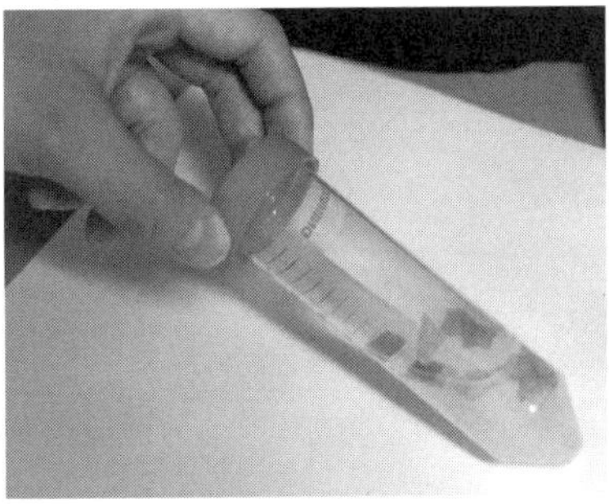

図 12-4　アグロバクテリウム液にポプラ葉切片を浸している様子

て−80 ℃で保存する。使用する際は、室温に戻し、上記3種類の抗生物質を含むLB寒天培地に塗る。28 ℃で48時間培養するとコロニーが生えてくる。

④葉切片へのアグロバクテリウム感染

クリーンベンチ内にて無菌ポプラの葉をメスで切り取り、滅菌済みのピンセットでシャーレ上に置く。葉を裏返し(滑らなくなるので切りやすい)、ひし形(ひし形の一辺が 5～10 mm程度)になるように葉をカットする。葉柄も形質転換効率が高いので使用する。葉は若くて瑞々しく色にむらのない緑の濃い葉を用いる。これは葉の状態が形質転換効率に影響するためである。培養瓶中は高湿度であるため、葉を外へ出してからは出来るだけ素早く作業をする。葉をアグロバクテリウム液(20 μg/ml アセトシリンゴンを含む)に入れ、時折転倒撹拌しながら3分間浸漬する(**図 12-4**)。滅菌済み紙タオルの上に葉切片を広げてアグロバクテリウム液をよくふき取り、共存培地(Murashige and Skoog 基本培地に Gamborg's vitamine、3 % ショ糖と 0.2 % ゲランガムを加えオートクレーブした後、20 μg/ml アセトシリンゴンを添加する)に葉の裏

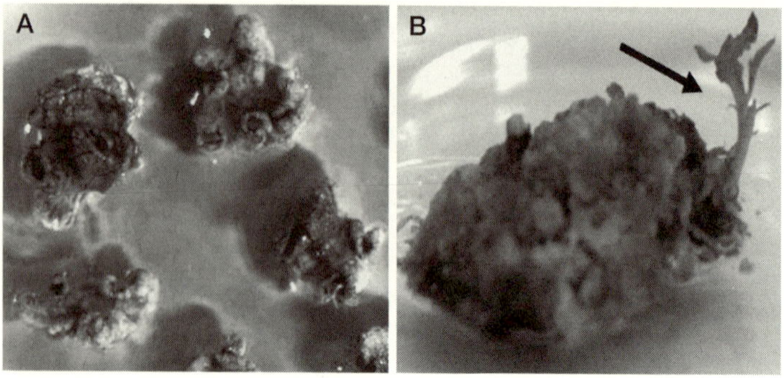

図 12-5　ポプラ葉切片の再分化
A：細胞のカルス化、B：カルスから再分化した芽(矢印)

側を上にしておく。この段階を共存培養といい、葉切片にアグロバクテリウムを感染させる。共存培養24時間後選択培地へ移植するが、目視で葉切片にアグロバクテリウムの増殖が見られれば早期に選択培地へ移植する。選択培地は、Murashige and Skoog 基本培地に Gamborg's vitamine、3％ショ糖と0.2％ゲランガムを加えオートクレーブした後、2 μM 4 pu (N-(2-chloro-4-pyridyl)- N'-phenylurea)、50 mg/L カナマイシンおよび500 mg/L カルベニシリンを加える。4 pu は芽の形成を誘導する植物ホルモンである。カルベニシリンはアグロバクテリウムの増殖を抑えるために加える。スクリーニング中にアグロバクテリウムが増殖すると葉切片が枯死する。また、カナマイシンは形質転換された植物細胞を選抜するためである。その後は2週間ごとに葉切片を選択培地へ移植する。

⑤葉切片からカルス、芽形成そして根形成

アグロバクテリウムが感染した葉切片は、約1カ月程度でカルス化が始まり(**図 12-5A**)、2～3カ月程度でカルス化し

図 12-6　再分化したポプラの発根

図 12-7　培養瓶で育成したポプラを土に移す時、ポプラの乾燥を防ぐ方法

た組織から芽が再分化する(**図 12-5B**)。出芽後 2 cm 程度の大きさになったとき根元から切りとる。発根培地へ移植すると、1 カ月後に発根する(**図 12-6**)。出芽した組織の切断面がカルス化した場合は、芽を取り出してカルス化した部分を切除し、別の発根培地へ移植する。発根培地として、Murashige and Skoog 基本培地に Gamborg's vitamine を含む組成(通常の 1/2 濃度)に 3 % ショ糖と 0.2 % ゲランガムを加えてオートクレーブした後、0.4 μM インドール酪酸と 50 mg/L カナマイシンを加えた培地を用いる。インドール酪酸は、根の形成を誘導する植物ホルモンである。

⑥土壌への移植

無菌培養で育て、大きくなったとき土へ移植する。その場合、外気は培養瓶内より湿度が低いため、取り出してそのままでは枯れてしまう。徐々に外気へ馴化させなければならな

図 12-8　ポプラ脇芽を枝の元から切る様子

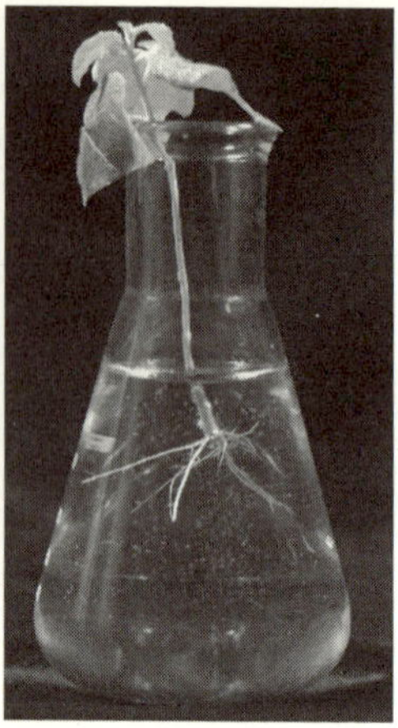

図 12-9　ポプラ脇芽の発根

い。まず、培地から植物体を取り出し、根に傷を付けないように培地を水で洗い流す。根に培地が残っているとカビが生え、枯れてしまう原因になるためである。その後、土に移し変え、ビニール袋をかぶせる(**図 12-7**)。少しずつ穴をあけ、2 週間ほどで外気へ馴化させる。

⑦挿し木による増殖法

芽形成由来の形質転換体は、少なくとも 20 株以上を作成する。それぞれの株の個体数を増やす場合には脇芽を水に挿し、発根させる。まっすぐに成長したポプラを土から 15 cm のところで茎を切ると約 2 週間後に脇芽が発生する。脇芽が 10 cm 程度の長さになると、枝を元のところから切る(**図 12-8**)。上部から 4 枚程度の葉を残し、他の葉は全て切り落とす。それらを 0.4 μM インドール酪酸を入れた三角フラスコ(200 ml 容)に挿し、1 日静置する。インドール酪酸は発根を促すために用いる。その後、水を毎日交換すれば約 2 週間で

図 12-10　土へ移植後して成長した組換えポプラ（移植後 30 日目）

図 12-11　インドネシアの 16 年生のファルカタ

発根する（**図 12-9**）。水の交換を怠ると雑菌が繁殖し枯れる原因になる。根が約 2 ～ 3 cm に伸びれば土へ移植する（**図 12-10**）。

2．組換えファルカタの作出

ファルカタ（*Paraserianthes falcataria*）は世界で一番成長の早い樹木である。6 年間で直径 17 cm、樹高 25 m に成長し、15 年間で直径 63 cm、樹高 39 m に達する（**図 12-11**）。ハイチ、インドネシアおよびパプアニューギニアが原産地といわれているが明らかではない。ファルカタは、マメ科（*Leguminosae*）の樹木で、[*]根粒菌（*Rhizobium* 属）と共生して空気中の窒素を固

図 12-12　ファルカタ実生（発芽後 7 日目）

定する。また、菌根菌*(phosphorus-promoting mycorrhizal fungi）とも共生してリンも獲得できる。1990 年代からはじまったインドネシア林業省の産業造林政策により、ファルカタが天然林伐採跡地に植林されてきた。ファルカタは桐に似た材質で家具などの用材や合板に用いられている。

①無菌ファルカタの培養

ファルカタの遺伝子組換え実験には、細胞伸長が盛んな下胚軸を用いる。無菌状態で種子から実生（**図 12-12**）を育て、下胚軸切片にアグロバクテリウムを感染させ、細胞を再分化させて形質転換体を作る。

播種の方法は、種子を 80 ℃ の熱湯に 10 分間浸して休眠打破の処理を行った後、アンチホルミン液（有効塩素 5 %）を 1/2 希釈した液に 20 分間浸す。アンチホルミン液を捨て、滅菌水で洗う（15 分× 4 回）。

ファルカタの無菌培養の容器は、高さ 10 cm 程度の培養瓶を使用する。ふたにはポプラの場合と同様に穴を開けて空気を通すシールを貼る。培地は、1/2の濃度のMurashige and Skoog基本培地に3％ショ糖を加えた培地40 mlと0.2％ゲランガムを培養瓶に入れ、ふたをして121℃で20分間オートクレーブにかける。クリーンベンチ内で、滅菌した種子を培地上に置く。25℃の培養室（16時間明所、8時間暗所）で培養すると3～4日で発芽し、3週間で約10 cmに成長する。

②アグロバクテリウム

アグロバクテリウムは、ポプラの場合と同様に培養したものを実験に用いる。

③アグロバクテリウムへのプラスミド導入

ポプラと同様な方法で準備する。

④アグロバクテリウムの下胚軸片への感染

クリーンベンチ内で無菌ファルカタの下胚軸を根元からメスで切り取り、ピンセット（滅菌済み）で角型シャーレの上に置く。子葉の真下から20 mmくらいの下胚軸を3等分（7 mm程度）する。切片を乾燥させないように切り取った下胚軸をアグロバクテリウム液（20 μg/mlアセトシリンゴンを含む）に入れ、10分間浸漬した後、共存培地（Murashige and Skoog基本培地に3％ショ糖と0.2％ゲランガムを加え、オートクレーブした後、20 μg/mlアセトシリンゴンを添加する）の上に並べる。

共存培養を48時間行い、下胚軸切片にアグロバクテリウムを感染させる。次に、切片を選択培地へ移す。選択培地は、Murashige and Skoog基本培地に3％ショ糖と0.2％ゲランガムを加え、オートクレーブした後、4 μMベンジルアミノプリン、400 mg/Lカナマイシンと500 mg/Lカルベニシリンを

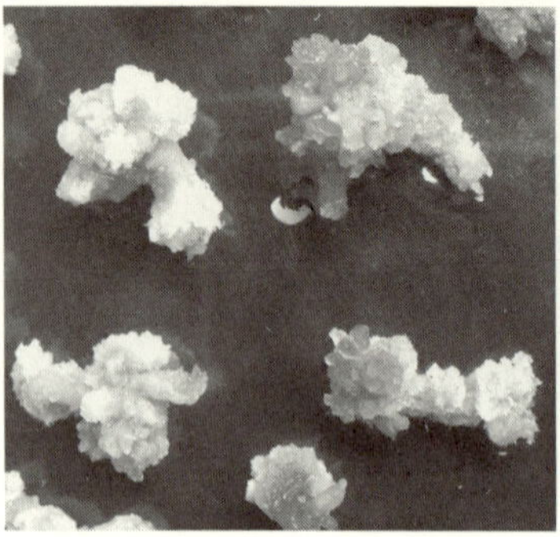

図 12-13　ファルカタ下胚軸のカルス化

図 12-14　ファルカタのカルスから再分化した芽[2)]

図 12-15　再分化したファルカタの発根

図 12-16　組換えファルカタ

添加する。2週間ごとに切片を新鮮な選択培地へ移植する。ベンジルアミノプリンは芽の形成を誘導する植物ホルモンである。

⑤胚軸切片からのカルス、芽形成そして根形成

アグロバクテリウムを感染させたファルカタ胚軸切片からは、約1カ月程度でカルス化が始まり(**図 12-13**)、2～3カ月程度でカルス化した組織から芽が再分化する(**図 12-14**)。

出芽後 2 cm 程度の大きさになれば芽の元から切りとり、発根培地へ移植する。約 1 カ月後に発根する(**図 12-15**)。発根培地として、Murashige and Skoog 基本培地に 3％ショ糖と 0.2％ゲランガムを加え、オートクレーブした後、400 mg/L カナマイシンと 500 mg/L カルベニシリンを加えたホルモンフリーの培地を用いる。ファルカタの発根では、インドール酪酸などの植物ホルモン(オーキシン)には効果が認められていない。

⑥土壌への移植

無菌培養で 10 cm くらいの実生を育て、土へ移植する。その方法は、ポプラの場合に準ずる。約 1 年後に、高さ 90 cm 程度に成長した組換えファルカタが得られる(**図 12-16**)。

3．コンタミについて

遺伝子組換え樹木作出の効率が下がる要因はいくつかある。先ず、第一番はコンタミ(contamination；雑菌の混入)である。形質転換は無菌下で行われるため、雑菌が混入、増殖すると葉切片が枯死する。コンタミを防ぐためには、無菌操作を確実に行うことが不可欠である。ピンセットは 90％エタノールに浸漬後、バーナーでしっかり焼く。メスは火で炙りすぎると切れ味が悪くなるので、しばらく 90％エタノールに浸漬後、メスに付いた余分なエタノールを軽く火で燃やすのみに留める。また、リーフディスクのアグロバクテリウム液をふき取るキムタオルも滅菌し、しっかり乾燥させることが必要である。アグロバクテリウムを死滅させるために培地中にカルベニシリン(抗生物質)を入れるが、増殖する場合がある。これはシャーレ中の湿度が高くなり、水滴がついてそこでアグロバクテリウムが増殖するためである。増殖したアグロバクテリウムを除去することは大変難しいので注意する。

●文　献

1) Park Y. W. *et al.*：“Enhancement of growth and cellulose accumulation by overexpression of xyloglucanase in poplar”, *FEBS Lett.* 564, pp. 183－187 (2004)

2) Hartati S. *et al.*：“Overexpression of poplar cellulase accelerates growth and disturbs the closing movements of leaves in sengon”, *Plant Physiology* 147, pp. 552－561 (2008)

（海田るみ、朴　龍叉、澤田真千子）

用語解説

50音順。各章本文の初出箇所には✻印を付した

あて材 (p. 102)：傾斜地などで樹幹を元の位置に保持しようとするために、肥大成長が促進された部位のこと。傾斜地の場合、広葉樹は引張応力を受ける斜面上側に、針葉樹は圧縮応力を受け斜面下側にあて材を形成する。

EST ライブラリー (p. 101)：EST (expressed sequence tag)。発現している RNA をひとまとめにした cDNA ライブラリーから、ランダムに端(5 末端か 3 末端)から遺伝子解読した配列情報の集まり。

遺伝子組換え (p. 75)：ある生物に、異なる生物種の遺伝子を導入して発現させたり、本来持っている遺伝子の発現を促進、あるいは抑制したりする操作。遺伝子組換えにより、新たな形質(性質のこと)を付与することができる。

遺伝子座 (p. 25)：ある形質が子供に受け継がれることを遺伝という。それぞれの形質を遺伝させるものを遺伝子と呼び、遺伝子が親から子へ受け継がれることが遺伝であるとも言える。それぞれの遺伝子が染色体上において占める位置を遺伝子座と言い、単に座とも呼ぶ。その位置上にある遺伝の実態という意味で遺伝子をさすこともある。

栄養細胞 (p. 36)：受粉のときに、胚珠に向かって伸びる花粉管を形成し、精細胞(動物の精子に相当する細胞)を卵細胞(動物の卵子に相当する細胞)の近傍へ運ぶ役割を果たす細胞のこと。

枝打ち (p. 35)：樹木の健全な成長を促し、優良な木材を得るために下枝を切り取る作業。

隔離ほ場 (p. 125)：英語では confined field あるいは isolated field という。遺伝子組換え作物の使用規模を実験室レベルから一般ほ場へ段階的に拡大しながら試験をする過程で、環境中での使用を行う最初の場所として通例使用される。隔離ほ場の設備の要件については、農林水産省の通知文書のなかで規定されており、部外者の立入を防止する柵、隔離ほ場であることの標識、洗い場などの設置が求められる。

ガラクチノール合成酵素遺伝子 (p. 90)：UDP-ガラクトースからガラク

トースをミオイノシトールに転移する酵素の遺伝子。

カルス (p. 17)：根、葉、茎といった器官、組織に分化しない細胞の塊のこと。植物ホルモンであるオーキシンを植物組織に与えるとカルスが形成される。木に傷をつけると白っぽい細胞が盛り上がってくるのもカルスである。

カルタヘナ議定書 (p. 119)：「生物の多様性に関する条約」の下に制定された国際協定。現代のバイオテクノロジーにより改変された生物(LMO)のリスク評価・管理、輸出入の際の手続きなど、国際的な枠組みを定めたもの。特に国境を越える移動に焦点を合わせて、生物多様性の保全及び持続可能な利用に悪影響(人の健康に対する危険も考慮したもの)を及ぼす可能性のあるLMOの安全な移送、取扱い及び利用の分野において十分な水準の保護を確保することに寄与することを目的とする。

カルタヘナ法 (p. 119)：国際的に協力して生物の多様性の確保を図るため、遺伝子組換え生物等の使用等の規制に関する措置を講ずることにより、国際協定であるカルタヘナ議定書の的確かつ円滑な実施を確保することを目的として制定された日本の国内法。

間伐材 (p. 14, 35)：森林の中のそれぞれの樹木が成長してくると混んでくる。樹木を一部伐採することによって密度を調整し、樹木が成長できる空間をつくると同時に日光が入りやすくし、樹木の成長を促す。比較的細い木が多い。

Gamborg's vitamin (p. 150)：ガンボーグが開発した植物組織培養用の培地のビタミン成分の組成(Gamborg, O.L. (1968) *Exp. Cell Res.* 50, pp. 151–158)。

キーストーン種 (p. 135)：キーストーンとは、石造りのアーチ橋の頂点にある要の石のこと。生態系を構成する生物種の中で、その存在量に比較して生態系の構造や機能に大きな影響を有し、多様性の鍵となっているものをいう。食物連鎖の末端に位置する上位捕食者がキーストーン種となることが多い。生物多様性保全を効率よく行うために、優先すべき種として考えられることもある。

QTL(Quantitative trait locus：量的形質遺伝子座) (p. 31)：トゲのあるなし、赤か白かといったように、違いが不連続で定性的に表現できる形質を質的形質といい、これに対して長さや色合いなどのように連続的な変異があり、違いを測定値で表すことのできる形質を量的形質という。質的形質は主働遺伝子によって支配され、量的形質は微少な効果を持つ数多くの遺伝子によって支配されているのが普通であり、量的形質に関係する遺伝子座を量的形質遺伝子座(QTL)という。

量的遺伝子に関与する個々の遺伝子を解析することは困難であったが、DNA分析技術の進歩によって得られた多数のマーカーを利用し、マーカーとの連鎖解析によって比較的効果の大きい遺伝子座を検出する試みが盛んに行われるようになった。これをQTL解析と呼ぶ。

菌根菌 (p. 158)：土壌中に住む糸状菌が、植物の根に着生したものを菌根と言う。菌根菌は土壌中に菌糸を張り巡らし、主にリン酸や窒素を吸収して宿主植物に供給する。その代わりに植物が光合成により生産した炭素化合物を得て菌自身が成長する。植物と共生する菌のこと。

形成層 (p. 62)：維管束植物の茎の中にある細胞が分裂する層。分裂した細胞は、外側に師部を分化し、内側に木部を分化する。こうして維管束という水分や栄養分を運び、かつ植物体を支える組織を産み出す。

交雑ポプラ (p. 78)：ポプラ属は種類が多く、また交配もしやすいのでたくさんの交雑種が生まれている。交雑によって生長速度や耐病性、その他の形質において優れたものが得られ、育種されている。

交雑ヤマナラシ (p. 114)：ハコヤナギ属(*Populus*)ヤマナラシ節(*Leuce*)に属する日本産ヤマナラシ(*Populus Sieboldii*)にカナダ産オオバヤマナラシ(*Populus grandidentata*)を交配した雑種一代である。キタカミハクヨウと呼ばれ樹形と成長性から選抜したY63クローンが植林木・緑化木として幅広く植栽されている。

酵素活性 (p. 76)：生体内で化学反応を触媒するタンパク質を酵素とよび、酵素による反応量を酵素活性として表す。酵素活性が大きいほど反応は早くなり反応量も大きくなる。

広葉樹 (p. 19, 65)：サクラ、ケヤキ、ブナ、ナラなど木本性被子植物。木材中の軸方向要素は一部の例外を除き道管と繊維細胞に分化しており、水分通道を道管が、樹体支持を繊維細胞が担う。他に仮道管をも併せ持つ樹種もある。

根粒菌 (p. 157)：土壌中に住む微生物である根粒菌は、マメ科植物の根に入り込み、こぶのような根粒を形成する。その中で、大気中の窒素をニトロゲナーゼによって還元し、アンモニア態窒素に変換して植物に与える。一方、宿主である植物は、光合成産物を根粒菌に与える。植物と根粒菌は互いに栄養を渡しあって共生する。

枝条 (p. 69)：樹木の幹から出た太い枝(大枝)とそこから伸びる枝を全て合わせたもの。

師部 (p. 62)：樹木における師部は、いわゆる「甘皮」のことで、剥がれる樹皮のもっとも深い部分にある。生きた組織で内樹皮とも呼ばれる。葉からの光合成産物やホルモンなどを運ぶ師管があり、貯蔵機能を持つ柔細胞が多い。

柔細胞 (p. 83)：植物の柔組織を構成する生きた細胞の総称。一般に分裂能力を失っている。貯蔵物質の種類により多くの柔細胞に分類される。

集成材 (p. 10)：木材をスライスしたものを張り合わせて作った材。小さな木材も使えるので木材を有効利用でき、強度、品質も向上する。

心材 (p. 30)：樹幹の一般的に濃色に着色している中央部分であり、外周部にある淡色の辺材と容易に区分できる。通常、含水率は辺材よりも低いが、中には辺材部分よりも高いものがあり、多湿心材と呼ぶ。心材は辺材の柔細胞が順次死滅し、その過程で細胞の内容物が心材成分に転換されることで形成される。心材成分は色、香りのもととなるだけではなく、耐腐朽、耐蟻性の向上に寄与している。

浸透圧 (p. 50)：細胞膜などの半透膜をはさんで異なる液が存在するとき、溶媒濃度の高い液から溶媒濃度の低い液へ溶媒が移動し、平衡状態に達するまで続く。溶媒濃度の低い液に圧を加えると浸透が止まる。この圧を溶液の浸透圧という。

針葉樹 (p. 19, 65)：マツ、スギ、ヒノキなどの裸子植物に属する種を指し、全てが典型的な二次肥大を行う木本植物である。葉は枝に密に着生する針状葉である。大部分が単幹性の高木であり、樹幹は概ね通直で細りが少ないことから、製材による無駄が少ない。また、樹種構成の少ない単純な林をつくって群生する傾向があり、伐採や集・運材を経済的に行うことができる。材は細胞構成が単純で、木材中の軸方向要素には道管が無く、仮道管が水分の通道と樹体支持の両方の機能を担う。

ジーンサイレンシング (p. 111)：植物細胞への遺伝子導入時に、不完全な遺伝子断片や重複連結した遺伝子がゲノム上にランダムに組込まれる。これらの不完全な遺伝子の導入が引き金となり、導入遺伝子の発現が抑制される現象。RNAへの転写が抑制される転写型と転写後にRNAが分解される転写後型がある。

スクロース(シュクロース) (p. 90)：フルクトースとグルコースの一番目の炭素間がグリコシル結合でつながった二糖。還元末端どうしが結合するために還元力はない。

スクロース(シュクロース)合成酵素 (p. 104)：UDP-グルコースとフルクトースからスクロースを合成する酵素。リン酸化されると、スクロースからUDP-グルコースとフルクトースを生成する反応を促進する。

スタキオース (p. 90)：ラフィノースのガラクトース部分の6番目の炭素に更にガラクトースの一番目の炭素がαグリコシル結合でつながった四糖。

スフィンゴ脂質 (p. 89)：スフィンゴシンなど長鎖塩基をもつ脂質の総称。グリセロ脂質と大別して用いられる。

精英樹 (p. 12)：山の中で選んだ成長が良く、まっすぐな木。スギ、ヒノキを中心に約九千本選ばれ、タネを取ったり、さし木に使われている。

ゼラチン層 (p. 105)：広葉樹引張あて材の二次壁中に見られる、特異な細胞壁成分層。リグニンがほとんど無く、セルロースとヘミセルロースで構成される。

他感作用(アレロパシー) (p. 129)：生態系の中で、植物が環境中に放出する化学物質が他の生物に阻害的あるいは促進的な何らかの作用を及ぼす多様な現象の総称。

他殖性 (p. 24)：遺伝子型の異なる個体間での受粉や受精による生殖を他殖と呼び、このような生殖形態をとることを他殖性と呼ぶ。作物では、自殖性のイネ、ムギ類、他殖性のトウモロコシ等があるが、樹木では他殖性が多い。他殖性植物の集団はヘテロ性が高く、大きな変異を持つため、自然環境への適応手段の一つと考えられる。

脱馴化 (p. 86)：植物が低温にさらされることにより、凍結抵抗性を獲得する現象を低温馴化という。逆に、凍結抵抗性を獲得した植物を高温(生育温度)に戻すことにより、獲得した凍結抵抗性を失う現象を脱馴化という。樹木では季節的低温馴化により、秋から冬にかけて徐々に凍結抵抗性を獲得するが、春の訪れとともに脱馴化により徐々に凍結抵抗性を低下させる。

脱粒性 (p. 129)：作物の子実が成熟過程で穂、茎などから脱落する性質。イネ科雑草は通常子実は成熟過程で脱落するものが多く、脱粒しやすい。脱粒性は栽培化の過程で変化し、イネ科作物では一斉収穫、播種の繰り返しにより脱粒性を失ってきている。

多糖類 (p. 69)：単糖がグリコシド結合によって多数重合した高分子化合物のこと。セルロース、キチンやデンプンなど。

タバコ (p. 76)：1 年性の草本植物で学名は *Nicotiana tabacum*。遺伝子操作がやり易く、とくに形質転換効率が高いためにモデル植物として用いられる。葉は「たばこ」に用いられている。

頂端分裂組織 (p. 102)：植物の茎頂、根端の成長点に存在し縦方向の成長と分化に関係し、細胞分裂を活発に行う組織。

通直 (p. 34)：まっすぐなこと。

ディファレンシャル・スクリーニング (p. 87)：ストレス処理等を行ったサンプルとコントロール(無処理)サンプルから抽出したRNAをプローブに用い、cDNAライブラリー(一定条件下で転写されたRNAをDNAに逆転写したものをカタログ化したもの)から目的遺伝子を単離する方法。コントロールサンプル由来のプローブで検出されないcDNAはストレス誘導性遺伝子由来の cDNA と予想される。

デハイドリン (p. 89)：植物に広く存在する熱可溶性蛋白質。LEA 蛋白質(登熟後期の種子、および乾燥や塩ストレス下の組織に蓄積される蛋白質)の一種。LEA 蛋白質は一次構造の特徴からいくつかのグループに分けられるが、デハイドリンはそのうちグループ 2 に分類され、リジンリッチモチーフ等、いくつかの特徴的な一次構造をもつ。

独立栄養生物 (p. 49)：無機の二酸化炭素を炭素源とし、その他生体に必要な窒素、リン、イオウをはじめとする無機化合物を有機化合物に変換し、光をエネルギー源として成長する生物をいう。食物連鎖では、生産者に当たり、最も下位に存在する。

熱ヒステレシス (p. 89)：不凍蛋白質が示す、液体の融解温度は変えず、凝固点を低下させる現象。この温度範囲では氷結晶の成長が阻害される。

バイオセーフティ (p. 119)：生物学的安全性。この分野では、バイオテクノロジーが環境と人間の健康にもたらすかもしれない潜在的危険を最小にすることの処置、方針と手続き全般のことを指す。バイオテクノロジーの利用経験が浅いうちは、その危険が生じるおそれを最小限にする効果的な方法を確立することが、重要であると考えられている。

バイオマス (p. 68)：生物体量または生物量のこと。転じて生物由来の資源を指すことが多い。農林水産省 HP では“バイオマス＝動植物から生まれた再生可能な有機性資源”と説明。

バイオリファイナリー (p. 68)：バイオマスから燃料や化学品を生産すること。

白色腐朽菌 (p. 71)：木材を腐朽させる担子菌(いわゆるキノコ類)の中で、リグニンを分解する能力を持ち、木材を白く変色させるもの。シイタケやヒラタケ、マイタケなどは白色腐朽菌の仲間。

ピアレビュー (p. 124)：「ピア peer」とは「同格の人」や「同僚」のこと。「レビュー review」は「検査」、「論評」のことである。研究成果を学術雑誌などで公に報告する際には、発表前に、同じ分野の研究者による匿名での評価を受ける過程がある。評価の結果を踏まえ、内容が修正されたり、公表されるかどうかが決定される。

ファミリアリティ (p. 124)：遺伝子組換え生物の安全性評価を行う際の概念の１つ。経済協力開発機構(OECD)で遺伝子組換え生物の試験規模拡大に関する一般原則を作成する過程で作成された。評価の対象となっている遺伝子組換え生物や、その作成に使用した宿主、導入核酸などの特性が経験的知識に基づきよくわかっているとき、ファミリアリティが高いといい、評価を行うのに十分な情報を持っている事を意味する。

プラスミド (p. 101)：細菌や酵母に存在する染色体以外の環状二本鎖構造を持つ DNA 分子。大腸菌に導入して増やし、遺伝子組換えの際によく用いられる。

マイクロアレイ解析 (p. 103)：細胞内の遺伝子発現量を網羅的に測定するために、多数の DNA 断片をプラスチックやガラス等の基板上に高密度に配置した分析機器を用いる。一度に数万の遺伝子発現を検出することが出来る。

Murashige and Skoog 基本培地 (p. 150)：植物組織培養で一般的に用いられている完全合成培地のひとつである。ムラシゲとスクーグによって 1962 年に作られた(Murashige, T. and Skoog, T. (1962) *Physiol. Plant.*

15, pp. 473–497）。

木部（p. 62）：いわゆる木材に相当する部分。道管や仮道管など水分を根から葉へ運ぶ（通道）管があり、繊維や仮道管など樹体を支える細胞がある。生きた細胞があり通道機能のある辺材と、通道機能を失い樹体を支えるだけの心材に分かれる。

ヤング率（p. 26）：太さ、形状の一様な棒に力を加えると、多くの構造用材料はある限度内で引張り力に正比例した伸びを生じる。これを発見者の名前をとってフックの実験法則といい、鉄など金属のみならず、木材、ガラスやコンクリートでも観測され、次のように表される。

$$\delta = Pl/AE$$

δ：棒の伸び、P：引張り力、l：棒の長さ、A：棒の断面積、E：弾性係数

弾性係数はバネ常数とも呼ばれ、材料のバネとしての固さを示す。次に単位断面積あたりの引張り力を応力σとして、

$$\sigma = P/A$$

さらに単位長さあたりの伸びを歪みεとして、

$$\varepsilon = \sigma/l$$

とすると、フックの法則は次式に変形できる。

$$E = \sigma/\varepsilon$$

本式は機械設計等において都合がよく、このEを物理学者トマス・ヤングにちなんでヤング率と呼ぶ。

雄原細胞（p. 36）：成熟した花粉は、雄原細胞と栄養細胞で構成される。雄原細胞は、受粉の前または後に2つの精細胞（動物の精子に相当する細胞）に分裂し、そのうちのひとつが胚珠内の卵細胞（動物の卵子に相当する細胞）と受精する。

雄性不稔（p. 35）：（主に突然変異により）正常な花粉が形成されないこと。

陽葉（p. 55）：日のよく当たる強い太陽光の下で成長した葉。葉面積は小さくなるが、柵状組織が発達して厚い葉を形成する。

ラフィノース（p. 90）：スクロースのグルコース部分の6番目の炭素にガラクトースの一番目の炭素がαグリコシル結合でつながった三糖。

リグニン（p. 31）：樹木の木化した部分、すなわち木部を構成する細胞の壁は鉄筋コンクリートに例えられ、鉄筋に相当するセルロースに対してコンクリートに相当するリグニン、両者のつなぎとなるリブ構造と

してヘミセルロースが存在する。セルロース、ヘミセルロースは多糖類であるが、リグニンはタンニンなどと同じポリフェノールであり、殺菌作用のあるものも多い。木材中に存在するリグニンにはグアシルリグニン、シリルギルリグニンの2種があり、シリルギルリグニンは広葉樹に存在する。

林分 (p. 25)：樹種構成、年齢構成などが均一で互いに他から判然と区分できる森林の部分をさす。林分は一定の面積の土地、林地とその上に生育する樹木の集団、すなわち林木とにわけることができる。森林経営や計測学で用いる用語。

矮化 (p. 79)：動物や植物が本来の大きさよりも小形なまま成熟すること。原因としては、遺伝子の変異やホルモン異常、環境条件などが考えられる。人為的に矮化させた観賞用植物なども有る。

YSK 領域 (p. 90)：デハイドリンの保存領域。K セグメント(EKKGIMDKIKEKLPG からなるリシンに富む 15 アミノ酸残基の保存領域)を有することでデハイドリンとして定義される。タンパク質分子内に1個から 11 個程度の K セグメントが存在する例が知られている。通常、カルボキシル末端(C 末端)近くに位置する。K 領域のみを持つデハイドリンは K タイプと呼ばれる。この他に保存領域として、Y セグメントおよび S セグメントを併せもつデハイドリンは、YK、SK、YSK タイプと呼ばれる。

● **執筆者紹介**（50音順、＊は編者）

EBINUMA Hiroyasu
海老沼宏安　株式会社日本紙パルプ研究所

KAIDA Rumi
海田　るみ　東京農業大学応用生物科学部

KAWAGUCHI Kentaro
川口健太郎　(独)農研機構作物研究所

KONDO Teiji
近藤　禎二　(独)森林総合研究所林木育種センター

SAWADA Machiko
澤田真千子　京都大学農学部

TSUTSUMI Yuji
堤　祐司　九州大学大学院農学研究院

TONOUCHI Naoto
外内　尚人　元(社)農林水産先端技術産業振興センター(STAFF)

NISHIKUBO Nobuyuki
西窪　伸之　王子製紙株式会社森林資源研究所

PARK Yong Wo
朴　龍叉　京都大学生存圏研究所

BABA Kei'ichi
馬場　啓一　京都大学生存圏研究所

HAYASHI Takahisa
林　隆久＊　東京農業大学応用生物科学部

FUKUDA Yoko
福田　陽子　(独)森林総合研究所林木育種センター

FUJIKAWA Seizo
藤川　清三　北海道大学大学院農学研究院

FUJISAWA Yoshitake
藤澤　義武　(独)森林総合研究所林木育種センター

英文タイトル

Toward Reforestation 2　Forest Tree Breeding

森をとりもどすために②　林木の育種（りんぼくのいくしゅ）

発行日 ―――― 2010年10月1日　初版第1刷

定　価 ―――― カバーに表示してあります

編　者 ―――― 林　隆久 ©

発行者 ―――― 宮内　久

海青社
Kaiseisha Press

〒520-0112　大津市日吉台2丁目16-4
Tel. (077)577-2677　Fax. (077)577-2688
http://www.kaiseisha-press.ne.jp
郵便振替　01090-1-17991

● ISBN978-4-86099-264-4　C0061